花卉实用生产技术系列

Dahlia cultivation

大丽花

新优品种高效栽培技术

段青 王继华 杜文文 王祥宁 刘亮◎ 编著

中国农业出版社
北 京

目 录
Contents

Chapter 1 大丽花概述

大丽花为菊科（Compositae）大丽花属（*Dahlia* Cav.）多年生球根草本花卉，又名天竺牡丹、大理花、西番莲、地瓜花等，属名*Dahlia*是在1789年大丽花被引入西班牙的马德里植物园后，由西班牙植物学家阿贝·卡瓦尼尔（Abbe Cavanilles）命名，以纪念瑞典科学家安德烈亚斯·达尔（Andreas Dahl），在瑞典语里，它表示“来自山谷”。传入中国后，就音译成既谐音又达意的“大丽”，包含大吉大利的意思。大丽花品种繁多、花姿优美、花色娇艳、花期长久，被誉为“花中宠儿”，虽来自异国，却与我国的牡丹、芍药相媲美。它具有极高的观赏价值，应用范围广泛，花坛、花境或庭院丛植皆宜，也可作盆花、切花等。此外，大丽花还能入药，具有清热解毒，消肿的作用，其块根内含有的“菊糖”，功效与葡萄糖相似，是集观赏、食用、药用于一身的植物。

一、形态特征

1. 根

大丽花具有粗大肉质块根。块根形似甘薯，内部肉质乳白色，偶有浅黄色；外面具纵条纤维，表层灰白色、浅黄色或浅紫红色。形状有圆球形、地瓜形、纺锤形、细长形，因品种、肥水管理等不同而差异较大。

块　根

2. 茎

茎全绿色或全紫色居多，少数为褐色，或绿色带紫晕，平滑有分枝，茎中空，直立或横卧，节间长2～20cm，横断面多数圆形，少数呈扁圆形，或从叶基深凹呈“∝”双圆形。茎粗最大可达8～9cm，最细1～2cm，茎的高度因品种而异，一般高50～250cm。

紫色茎　　绿色茎

3. 叶

叶对生，一至三回羽状分裂，上部叶有时不分裂，裂片卵形或长圆状卵形，灰绿色，两面无毛。总梗微带翅，少数品种带翅明显。因品种栽培环境和栽培方式不同，叶片大小、叶形、叶色浓淡、叶面茸毛多少等方面，差异很大。

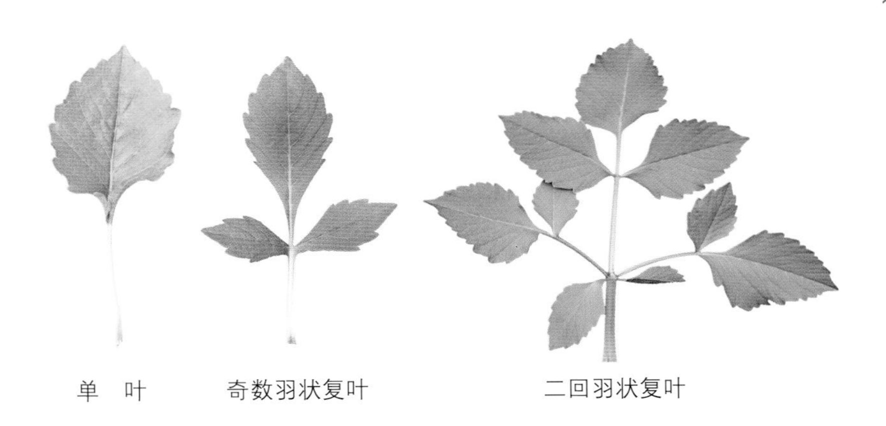

单　叶　　奇数羽状复叶　　二回羽状复叶

4. 花

头状花序顶生、倾斜或略垂，花序直径5～35cm，最大可达40cm，由中心的管状花和外围的舌状花组成。每朵花着生于茎的先端或叶腋抽出的花梗顶端，花梗长5～45cm，因品种而异。花托扁平或微弯曲，有2层总苞，外部苞片5～8枚，绿色小叶状；内部苞片淡黄绿色，质薄，呈膜质鳞片状，基部稍连合。花瓣周边瓦状排列三层、八层或多层舌状花，色彩艳丽，雌性或中性。中心管状花常为黄色花，两性。聚药雄蕊，柱头二裂，子房下位一室，基底胎座，花期长，6～10月开放。

花　朵

花　蕾

花含苞待放

开花初期

盛花期

5. 果实与种子

大丽花为异花授粉植物，四季均能开花，秋后开得最盛。外轮舌状花的雌蕊先成熟，因多数无完整胚珠，不易结实。内轮的管状花两性，发育由外向内渐次成熟，同一管状花的雄蕊较雌蕊早熟2～3d。因而除单瓣型、领饰型、复瓣型品种外，未经特殊加工处理和人工授粉，多数不易结实。

瘦果长圆形，种子呈黑褐色，扁平而略拱曲，倒瓶形、卵形、倒卵形至长圆状披针形，而顶端多平截面，具2个不明显的齿。种子长8～18mm，宽3～5mm，同一朵花外侧结的种子宽大，越往中心部分种子越狭长。果实成熟期一般在8月下旬至9月下旬。

果实生长期

果实成熟期

种　子

二、生长发育

1. 花芽分化

大丽花的花芽分化始于营养锥末期、止于管状花形成。大致可以分为营养锥分化、生殖锥分化、总苞分化、舌状花分化和管状花分化5个阶段。

（1）营养锥分化阶段 大丽花的营养锥在苗端发生时即形成。当植株长到一定高度时，就能形成生长锥。温度、日照长度、营养水平对生长锥形成有诱导或抑制作用。大丽花自扦插后，经过100d左右其营养锥就可以转化为生殖锥。营养锥顶端尖有一对旗叶原基，两片旗叶原基紧紧并拢在一起。

（2）生殖锥分化阶段 当营养锥分化出一对旗叶原基时即为营养锥阶段接近结束的标志，随后生长锥变得平滑，宛如馒头状。此过程可在1周内完成，但因单株发育的差异，从群体上看此过程要持续3周左右。仅从外部观察，当营养锥转化为生殖锥后约1周内，植株带有花芽的顶芽或侧芽尚未展开的两片复叶顶端小叶，其叶尖开始交叉生长，同时这对复叶叶柄基部开始膨大，呈径向生长。这是直接用肉眼区分大丽花花芽分化与否的经验指标，在生产中使用效果很好。花芽分化从7月中下旬开始至8月中下旬即可完成。

（3）总苞分化阶段 在营养锥转化为生殖锥后约1周，生殖锥顶端逐渐膨大，花序分化开始。首先总苞原基逐渐形成，覆盖住整个生长锥，只有逐层剥开总苞，才能看到晶莹剔透的生长锥。大约经过1周，总苞分化完毕，这时用解剖针可以很容易将苞片逐枚分离下来。当总苞形成后，如果遭受干旱或严重缺肥，常常出现花蕾生长发育停滞的僵蕾现象。此时整个花序所着生的花芽大多无法继续正常生长。解剖观察发现，造成这种现象的主要原因是总苞及舌状花苞片不再继续生长，从而压迫其下面的舌状花，使它们难以正常生长发育。

（4）舌状花分化阶段 舌状花是单性花，继总苞形成后，首先于平滑的生殖锥周缘形成很多小突起，这就是舌状花的苞片原基。此时整个花蕾冠幅已有1cm左右。将总苞苞片、舌状花苞片用解剖针剥去就可以看到大量舌状花原基。当舌状花花冠长为2mm左右时，雌雄蕊原基形成，此刻萼片原基也已经形成。随着舌状花的长大，开始观察到有部分雄蕊瓣化，发生这种现象的原因不明。雄蕊瓣化多在花序外缘1～6轮舌状花上发生。生长在花序外缘一轮的舌状花雄蕊瓣化现象最为明显，其瓣化雄蕊长度可达4cm左右，平均为该舌状花长度的1/2，几乎每枚舌状花都有雄蕊瓣化现象。观察结果表明，舌状花的雄蕊发育异常，其上没有花药，但是舌状花的雌蕊发育正常，使用管状花的花粉可以使舌状花的子房受精形成种子。另外还观察到了舌状花花冠的“棒化现象”，即舌状花花冠呈淡绿色革质细管状。此种情况的出现可能与水分亏缺、营养水平较低有关，在水分、肥料充足的情况下几乎看不到这种现象发生。

（5）管状花分化阶段 大丽花的管状花位于头状花序的中部，其分化顺序在舌状花后，花蕾冠幅达2cm左右时，舌状花分化完毕，管状花原基开始出现。在两种不同类型花朵的交界处，它们的原基可以并存。当管状花长约3mm时，其雌雄蕊原基开始分化。以后可以看到雄蕊原基分化为花药与花丝两部分。管状花的雌蕊长大后柱头呈V形，其上生有较多小腺毛。与舌状花雄蕊不同的是，管状花雄蕊发育完全。其成熟者的花粉囊带有大量浅橘黄色花粉粒。在育种中只有使用管状花的花药才能使雌蕊受精。大丽花的管状花是两性花。经解剖多个大丽花花序发现，位于其中部的管状花常常发生变异。常见的有所谓的“连体现象”，即在一枚巨大的管状花苞片中，数十甚至上百个管状花雄蕊基部相连，生长在一起，其中没有一个雌蕊，这些雄蕊都带有发育正常的花粉粒。在连体雄蕊间，有时还能见到数十枚丛生的较高苞片，在这些变态的细管状的管状花苞片中没有花冠、雌蕊或雄蕊。

2. 花芽分化的影响因素

大丽花是一种相对短日照植物。由于光周期、扦插时间、营养水平的变化，花芽的生长发育也会随之受到影响。

（1）光周期的影响 研究表明，短日照有利于大丽花管状花发育，而长日照则有利于舌状花发育。韦三立等人的研究表明：当大丽花花芽分化时，如果每天给予16h遮光的短日照处理，就会出现整个花序的舌状花数目骤然减少的情况。此刻，在植株开花后很容易看到位于花序中部的大量管状花之“露心”现象。虽然这种情况的出现降低了观赏价值，但对于育种来说却有重要意义。因为这样才能收集到那些基因型优良大丽花品种花序中部的管状花花粉以供杂交使用。在试验中，设置每天8h、10h、12h日光处理，结果可以看出，日照长度对舌状花数目有着显著影响。在每天接受8h日照植株花序仅着生87枚舌状花、露心；10h日照，159枚舌状花、半露心；12h日照，245枚舌状花、不露心。其外观与对照区别甚大，但是解剖观察表明，进行遮光处理的大丽花植株花芽的分化顺序不变，单花的形态正常，仅是舌状花的数目随着日照时间的缩短而有所减少。

（2）扦插时间的影响 研究发现扦插较早者至开花所需的绝对时间要比扦插较晚者更长。另外不同时期所扦插的大丽花植株高度及开花节位也有很大变化。

（3）营养水平的影响 自大丽花花芽分化后的90d内，用0.5%（W/V）麻渣浸泡溶液作不同间隔时间浇灌处理，发现施肥间隔对其花朵生长发育影响很大。营养水平对大丽花的初花日期、舌状花数目、花序露心情况、花序大小影响显著。以5d为间隔施肥一次的处理开花最早，舌状花数目最多，花序露心程度较浅；以15d为间隔施肥一次的处理花序直径最大；以30d

为间隔施肥一次的“饥饿处理”开花最迟，舌状花数目最少，花序露心程度较深，可直接见到管状花。

三、生态习性

大丽花原产于北纬15°～20°、海拔1 500m以上的墨西哥、危地马拉、哥伦比亚等亚热带高原地带。由于原产地日照条件充足、气候温暖湿润，使其生性不耐寒、忌暑热，喜干燥、凉爽；喜阳光充足、通风良好；喜富含腐殖质、排水良好的沙质土壤；忌积水。

1. 温度

大丽花喜凉爽，在生长期内对温度要求不严，一般在5～35℃均可正常生长，但以10～25℃最为适宜。生长期最适温度是白天20～25℃，夜间10～15℃。昼夜温差在10℃以上的地区，生长开花更为理想。夏季温度高于30℃，则生长不正常，开花少。冬季温度低于0℃，易发生冻害。块根贮藏以3～5℃为宜，过低易受寒害，过高易消耗水分和养分。最忌白天高于萌动温度，夜间低于休眠温度或处于休眠温度，新芽预发不能，欲停不止，大量消耗体内营养，造成翌年发芽变弱或不能发芽。

2. 水分

大丽花对水分比较敏感，它既不耐旱又怕积水。大丽花的地下块根为肉质，可储存一定的水分，但大丽花本身是草本植物，枝叶茂盛，蒸腾量大，所以在生长过程中又需要较多的水分。如浇水过多或雨水量大，造成积水，使土壤中空气含量降低，造成根系呼吸困难，或不能呼吸，块根容易腐烂。土壤含水量或浇水量减少，出现干旱，使植株萎蔫后没能及时补水，再受阳光照射后，轻者叶片边缘枯焦，重者基部叶片脱落。因此，浇水要掌握“干透浇透”的原则。一般生长前期的小苗阶段，需水分有限，晴天可每天浇一次，保持土壤稍湿润为宜，太干太湿均不合适；生长后期，枝叶茂盛，消耗水分较多，尤其是在晴天或吹北风的天气，中午或傍晚容易缺水，应适当增加浇水量，还可叶面喷水，增加空气湿度，利其生长。

3. 光照

光照是大丽花生长的必要条件，大丽花喜阳光充足，不耐阴，若长期放置在荫蔽处则生长不良，根系衰弱，叶薄茎细，花小色淡，甚至不能开花。在阳光直射情况下植株健壮，茎粗叶茂且易形成花芽。在正常光照度下，生长期适宜的光照时间为10～14h，光照10h可促进花芽分化形成，日照短于8h，地上部分生长变弱，茎节变长，叶片变薄，叶色变浅，地下块根变细变长，须根减少。只有将其栽种在阳光充足处，才能使植株生长健壮，开出鲜艳、硕大、丰满的花朵。若每天日照少于4h，则茎叶分枝和花蕾形成会受到一定影响，特别是阴雨寡照，则开花不畅，茎叶生长不良，易患病。

4. 土壤

大丽花喜中性（pH6.5～7.5）、疏松、通透、排水良好、肥力充足的沙壤土。若土壤太黏，需用腐殖土、泥炭土、细沙土等进行改良。需要轮作，连作会使块根退化变小，并易感染病虫害，影响植株生长和开花。

Chapter 2

大丽花属植物的地理分布及分类

一、大丽花属植物地理分布

大丽花原产于美洲，墨西哥是其多样化中心。大丽花属植物有38种，墨西哥均有分布，其中35种为墨西哥特有种。在墨西哥，有26个州分布有大丽花，其中伊达尔戈州和瓦哈卡州的种类最多，其次是格雷罗州。大丽花通常生长在针叶林和栎林中，分布范围在海拔24～3 810m，但在海拔2 000～2 500m分布的种类最多。大丽花在观赏园艺中占重要地位，栽培种和品种极为繁多，现世界各地均有栽培。

二、大丽花属分类及原生种简介

1969年，Paul Sorensen将大丽花属分为4个组：*Pseudodendron*组、*Entemophyllon*组、*Dahlia*组、*Epiphytum*组及其他。

1. *Pseudodendron*组

（1）钟花大丽花*D. campanulata* Saar, Sørensen & Hjerting　这是在墨西哥瓦哈卡州发现的一种树状大丽花，株高2.4m；叶羽状；花朵非常美丽，下垂，钟形，白色至粉红色，中心猩红色，花瓣长。秋末或冬季开花，属于短日照植物。

（2）**高大大丽花** *D. excelsa* Benth 与 *D. arborea* Huber、*D. dumicola* Klatt ex T. Durand & Pittier 、*D. maximiliana* Van der Berg 同义，株高4m以上；花淡紫色；分布于墨西哥州至格雷罗州。

钟花大丽花

高大大丽花

（3）**树大丽花** *D. imperialis* Rözl ex Ortgies　株高超过4.5m；叶质厚，叶柄木质化；花朵白色至淡紫色，开花晚；分布于墨西哥瓦哈卡州、恰帕斯州海拔762～2 743m的地区。

（4）**纤茎大丽花** *D. tenuicaulis* Sørensen　株高4.5m；叶比其他树状大丽花小，新叶褐红色；花淡紫色或粉红色，秋末开花；分布于墨西哥瓦哈卡州、哈利斯科州、米却肯州海拔2 590～3 048m的地区。

树大丽花

纤茎大丽花

2. *Entemophyllon*组

（1）红叶大丽花*D. congestifolia* Sørensen　植株矮小，株高60cm；茎分枝多，近莲座状生长；花紫色或淡紫色，花期早；分布于墨西哥伊达尔戈州海拔2 438m的地区。

（2）多裂大丽花*D. dissecta* S. Watson　株高30～76cm；近地面叶片全裂；花白色至淡紫色；分布于墨西哥中部、塔毛利帕斯州、圣路易斯波托斯州海拔1 981～2 438m的地区。包括*D. dissecta* var. *dissecta*，*D. dissecta* var. *sublignosa* 两个变种。

多裂大丽花

D. dissecta var. *sublignosa*

（3）裂叶大丽花*D. foeniculifolia* Sherff　株高1.2m；叶深裂；花淡紫色；分布于墨西哥新莱昂州、塔毛利帕斯州海拔1 828m的地区。

（4）线叶大丽花*D. linearis* Sherff　株高1.2m；茎木质化，分枝多，呈灌木状；花紫色，中心为黄色；分布于墨西哥瓜纳华托州、克雷塔罗州海拔1 828m的地区。

裂叶大丽花

线叶大丽花

（5）**岩生大丽花** *D. rupicola* Sørensen　灌木，株高1.5m；叶狭披针形；花淡紫色；分布于墨西哥北部杜兰戈州海拔1 828m的地区。

（6）**肩胛大丽花** *D. scapigeroides* Sherff　株高1.8m；茎木质；花淡紫色；分布于墨西哥瓜纳华托州、伊达尔戈州、克雷塔罗州。

岩生大丽花

肩胛大丽花

3. *Dahlia*组

（1）尖叶大丽花*D. apiculata* (Sherff) P. D. Sørensen　株高2.4m；木质茎；裂状叶；花淡紫色；分布于墨西哥瓦哈卡州、普埃布拉州海拔2 133m的地区。

尖叶大丽花

（2）深紫大丽花*D. atropurpurea* P. D. Sørensen　株高1.8～2.1m；茎细长；花深红色；分布于墨西哥中部、格雷罗州海拔2 590m的地区。

深紫大丽花

（3）**南方大丽花** *D. australis*（Sherff）Sørensen　灌木和草本植物，株高60～120cm；花紫色；分布于墨西哥恰帕斯州、瓦哈卡州、米却肯州（隔离亚种）以及危地马拉（*D. australis* var. *serratior*）。包括*D. australis* var. *australis, D. australis* var. *chiapensis, D. australis* var. *serratior*（与*D. barkerae*同义）和*D. australis* var. *liebmannii* 4个变种。

南方大丽花

D. australis var. *australis*

D. australis var. *chiapensis*

（4）短秆大丽花 *D. brevis* Sørensen　矮灌木，株高60cm；茎多分枝；花具条纹紫色和淡紫色；分布于墨西哥米却肯州。

（5）红大丽花 *D. coccinea* Cavanilles　与 *D. bidentifolia* Salisb、*D. cervantesii*（Lag. ex Sweet）Lag. ex DC、*D. chisholmi* Rose、*D. coccinea* var. *coccinea*、*D. coccinea* var. *gentryii*（Sherff）Sherff、*D. coccinea* var. *palmeri* Sherff、*D. coccinea* var. *steyermarkii* Sherff、*D. coronata* Hort. ex Sprague、*D. gentryi* Sherff 、*D. gracilis* Ortgies、*D. jaurezii* Van der Berg、*D. lutea* Van der Berg同义，为一部分单瓣品种的原种；株高1.5m；茎细被白粉；叶对生，叶片排列松散，二回羽状叶有柄，小叶裂片狭窄，叶缘有粗齿；舌状花通常为橙红色，有时中心是黄色，但可能从金色至猩红色不等，单瓣8枚平展，花径7～11cm；分布于457～1 524m的山坡和云雾林中，是大丽花属分布范围最广的种。

短秆大丽花

D. coccinea（红色）

D. coccinea（黄色）

（6）心叶大丽花 *D. cordifolia* (Sessé & Mociño) McVaugh 与 *D. cardiophylla* 同义，株高60cm；叶对生，叶形独特，单叶心形；花深红色；分布于墨西哥格雷罗州和西部各州。

心叶大丽花花朵

心叶大丽花叶片

（7）尖瓣大丽花 *D. cuspidata* Saar, Sørensen & Hjerting 草本植物，株高90cm；茎1～4枝；复叶卵形；花朵淡紫色；分布于墨西哥瓜纳华托州、伊达尔戈州、克雷塔罗州海拔2 438m西向山坡。

尖瓣大丽花

（8）辛顿大丽花*D. hintonii* Sherff　株高1.2m；茎纤细；披针形小叶表面具短柔毛；花深粉色至紫色；分布于墨西哥格雷罗州海拔1 828m的森林中（很少见）。

辛顿大丽花

（9）耶尔廷伊大丽花*D. hjertingii* Hansen and Sørensen　草本，株高1.2m；花浅紫色；分布于墨西哥伊达尔戈州。

（10）柔毛大丽花*D. mollis* Sørensen　株高1.5m；茎叶具短柔毛；花浅紫色；分布于墨西哥克雷塔罗州、伊达尔戈州、瓜纳华托州海拔2 438m的地区。

（11）牟氏大丽花*D. moorei* Sherff　株高60cm；茎秆紫色；花紫色，带紫褐色射线；分布于墨西哥伊达尔戈州和克雷塔罗州。

柔毛大丽花

牟氏大丽花

疏忽大丽花

（12）疏忽大丽花*D. neglecta* Saar 草本，株高1.5m；花浅紫色，中心有黄色斑点，夏末开花；分布于墨西哥伊达尔戈州、瓜纳华托州、克雷塔罗州、韦拉克鲁斯州海拔1 828～2 133m的地区。

（13）普加纳大丽花*D. pugana* Rodriguez & Castro 亚灌木，丛生；株高60cm；花淡紫色；花梗长；分布于墨西哥哈利斯科州海拔2 133m的地区。

（14）小苞大丽花*D. parvibracteata* Saar & Sørensen 株高1.2m；花梗细，花朵数量多；花浅紫色，具总苞片；分布于墨西哥格雷罗州海拔1 828m的地区。

（15）翅叶大丽花*D. pteropoda* Sherff 株高90cm；叶具有耳状翼；花淡紫色至紫色；分布于墨西哥普埃布拉州和瓦哈卡州。

普加纳大丽花

翅叶大丽花

（16）紫色大丽花 *D. purpusii* Brandegee　株高60cm；茎粗壮；单叶无梗，对生；花紫色；分布于墨西哥恰帕斯州。

（17）粗野大丽花 *D. rudis* Sørensen　株高2.4m；小叶渐尖，苞片大；花淡紫色或浅紫色；分布于墨西哥联邦区、墨西哥州、米却肯州海拔2 590～3 048m的地区。

紫色大丽花

粗野大丽花

（18）谢尔菲大丽花 *D. sherffii* Sørensen　株高1.5m；花粉红色至淡紫色，中心黄色，夏末开花；分布于墨西哥奇瓦瓦州、杜兰戈州、锡那罗亚州和哈利斯科州。

（19）长莛大丽花 *D. scapigera* (A. Dietrich) Knowles & Westcott　株高60～90cm；靠近地面的叶片莲座状丛生；花浅紫色，有的中心具黄色斑点；分布于墨西哥米却肯州、瓜纳华托州和伊达尔戈州。

谢尔菲大丽花

长莛大丽花

（20）**野大丽花** *D. sorensenii* Hansen & Hjerting　株高1.2m；花茎细长，先端具多个头状花序，花淡紫色；分布于墨西哥联邦区、米却肯州和伊达尔戈州。

（21）**美丽大丽花** *D. spectabilis* Saar, Sørensen & Hjerting　草本，株高2.1～2.4m；二回羽状复叶；花瓣浅紫色，花瓣脉络颜色更深；分布于墨西哥圣路易斯波托西州。

野大丽花

美丽大丽花

（22）塔毛利帕斯大丽花*D. tamaulipana* Reyes Islas and Art. Castro　株高0.9～1.8m；花浅紫色；分布于墨西哥塔毛利帕斯州海拔457～914m的地区。与*D. tubulata*相似，但是茎为六角形；开花晚。

（23）纤细大丽花*D. tenuis* Robinson & Greenman　矮灌木，株高60cm；头状花序小，花少，黄色；分布于墨西哥瓦哈卡州海拔1 524～2 590m岩石坡地上。

（24）管状大丽花*D. tubulata* Sørensen　株高1.8m；茎具明显的棱；叶柄中空；花淡紫色至浅粉色，开花很晚；分布于墨西哥新莱昂州、塔毛利帕斯州和科阿韦拉州海拔2 286～3 048m的地区。耐寒性强。

纤细大丽花

管状大丽花

维萨里卡大丽花

（25）维萨里卡大丽花*D. wixarika* Art. Castro, Carr.-Ortiz & Aarón Rodriguez　株高0.9～1.8m；花白色至浅紫色；分布于墨西哥杜兰戈州和哈利斯科州海拔1 828～2 438m阳光直射的贫瘠陡坡上。

（26）矮生大丽花*D. merckii* Lehmann　与*D. cosmiflora* Jacques、*D. decaisneana* Verl.、*D. glabrata* Lindl.、*D. minor* Vis.、*D. scapigera* f. *merckii* (Lehm.) Sherff　同义。株高60～90cm；裂状基生叶；茎细且中空；花淡紫色至粉红色；植株自交亲和。分布于墨西哥蒙特雷市、普埃布拉州、新莱昂州和瓦哈卡州海拔1 828～3 048m的地区。

矮生大丽花

4. *Epiphytum*组

麦独孤大丽花*D. macdougallii* Sherff　株高7.6m；附生，气生根，木质主茎；花白色；花期晚；分布于墨西哥瓦哈卡州。

麦独孤大丽花

5. 尚未确定的种

大丽花*D. pinnata* Cav.　与*D. astrantiaeflora*（Sweet）G. Don、*D. nana* Andrews、*D. pinnata* var. *nana* B. D. Jacks.、*D. pinnata* var. *Pinnata*同义，可能是*D.*×*pinnata*的杂交种，最可能是*D. coccinea*×*D. sorensenii*的杂交种；株高1.5～2.0m，茎直立多分枝，圆柱形，平滑具白粉；叶对生，一回羽状裂叶，叶缘锯齿较宽，舌状花绯红色，以单瓣至多瓣变异，花径5～7.5cm，总苞片6～7枚，呈叶状。

三、大丽花品种分类

大丽花品种繁多，截至2015年登记在册的大丽花园艺品种超过5.7万个，且日益增加，是世界上品种最多的物种之一。因此，对其品种进行科学分类非常重要，有利于园艺工作者正确地认识和区别不同的品种资源，为保存、研究、评价和利用大丽花品种资源提供依据，也有利于品种的识别和推广交流。

大丽花经过长期选育，其花型、花色、株高富于变化，至今国内外尚无统一的大丽花分类方案。国际上有多个大丽花的分类体系，美国、英国、俄罗斯、日本都各有千秋，总体上是以花型为主要分类依据，此外植株高度、花径大小、花瓣颜色、开花期等也作为次级分类标准。

1.按花型分类

世界大丽花协会（The National Dahlia Society, NDS）、英国皇家园艺学会（The Royal Horticultural Society, RHS），美国大丽花协会（American Dahlia Society，ADS）与美国中部州大丽花协会（Central States Dahlia Society，CSDS）都提出过较为系统的大丽花花型分类方法，但在称谓、标准细化程度等方面存在差异。其中，美国大丽花协会将大丽花花型分成20种类型，具体如下：

（1）规整装饰型（Formal Decorative, FD） 舌状花为平瓣，宽而平滑，呈规则排列，花瓣逐渐向茎部下弯。

（2）不规整装饰型（Informal Decorative, ID） 舌状花通常扭曲、卷曲或呈波浪状，大小均匀，排列不规整，花瓣可能向内卷或向外卷。

规整装饰型

不规整装饰型

（3）半仙人掌型（Semi-Cactus, SC） 花瓣基部宽、平直或弯曲，并且均匀地向茎反射排列。

半仙人掌型

（4）直瓣仙人掌型（Straight Cactus, C） 花瓣基部狭窄，平直，长度均匀，向茎反射，从中心均匀地向四周发散。

（5）曲瓣仙人掌型（Incurved Cactus, IC） 花瓣尖，基部狭窄，长度均匀，朝向花面向上弯曲或水平旋转。

直瓣仙人掌型

曲瓣仙人掌型

(6) 穗型（Laciniated, LC） 花瓣顶端开裂，开裂程度根据花瓣的大小而变化。

(7) 球型（Ball, BA） 花朵呈球形，花瓣均匀，且向茎方向反射，完全填满花序而没有缺口或顶点。

穗 型

球 型

(8) 微球型（Miniature Ball, MB） 与球型相同，但更小，直径在5.08～6.35cm之间。

(9) 绒球型（Pompon, P） 花瓣与球型差不多，但是直径不超过5.08cm。

(10) 星型（Stellar, ST） 花瓣长而窄，沿着长边有尖尖的顶端，像星星一样，并且朝着茎下弯。

(11) 睡莲型（Waterlily, WL） 花瓣呈杯状，顶端圆，侧面呈茶碟状，不露心但朝上开放，外观精美。

微球型

绒球型

星　型

睡莲型

(12) 牡丹型（Peony, PE） 2～5轮花瓣围绕中心开放，露心，花瓣宽、稍杯状、平整，不向茎弯曲。

(13) 托挂型、银莲花型（Anemone, AN） 由细长的管状花盘组成一个圆顶，周围排列了1轮或多轮舌状花，给中心部分镶边。

(14) 领饰型（Collarette, CO） 单轮平展的或略呈杯状的花瓣排列在一个平面上，带有一个围绕中心形成的花瓣状“衣领”，露心。

(15) 兰花型（Orchid, O） 单轮花瓣均匀地在一个平面上，围绕着中心有规律地间隔排列，花瓣顶端向内卷曲。

牡丹型

托挂型

领饰型

兰花型

（16）兰花领饰型（Orchette, OT） 很像兰花型，但是单轮花瓣内侧具有像领饰型一样的“衣领”。

（17）单瓣型（Single, S） 单轮平整或略带杯状的花瓣排列成一个平面，均匀重叠，无缝隙，8片花瓣是最佳的。

兰花领饰型

单瓣型

（18）小单瓣型（Mignon Single, MS） 形状与单瓣型相同，但是花瓣顶端圆，花朵直径小于5.08cm。

（19）花式露心型（Novelty Open, NO） 露心，花盘中心的大小与花瓣成一定比例，形状与其他花型不同。

（20）花式完全重瓣型（Novelty Fully Double, NX） 不同于其他花型，对称性好，中心紧密闭合，花瓣排列与其他花型不同。

小单瓣型

花式露心型

花式完全重瓣型

2. 按花色分类

大丽花花朵颜色艳丽、花色丰富，除了蓝色外，其他颜色均有。美国大丽花协会将大丽花分成了16个色系，包括白色（White, W）、橘黄色（Orange, OR）、黄色（Yellow, Y）、火焰色（Flame, FL）、深红色（Dark Red, DR）、红色（Red, R）、粉色（Pink, PK）、深粉色（Dark Pink, DP）、紫色（Purple, PR）、淡紫色（Lavender, L）、黑色（Black, BK）、青铜色（Bronze, BR）、深混合色（Dark Blend, DB）、淡混合色（Light Blend, LB）、双色（Bicolor, BI）、杂色（Variegated, V）。

白　色

橘黄色

黄　色

火焰色

深红色

红　色

粉　色

深粉色

紫 色

淡紫色

黑　色

青铜色

双　色

深混合色

淡混合色

杂　色

3. 按花朵直径分类

根据花朵直径，美国大丽花协会将大丽花分成了6种类型，具体如下表：

大丽花按花朵直径分类

类型	花径（cm）
巨大花型（Giant, AA）	> 25.40
大花型（Large, A）	20.33 ~ 25.40
中花型（Medium, B）	15.25 ~ 20.32
小花型（Small, BB）	10.17 ~ 15.24
微小花型（Miniature, M）	5.08 ~ 10.16
超微型（Micros, MC）	< 5.08

Chapter 3 大丽花育种与新优品种介绍

大丽花作为花卉的最早记载是在16世纪中期，1570年欧洲人弗朗西斯科·特明盖曾绘有单瓣乃至重瓣大丽花的插图。1615年西班牙人弗朗西斯科·赫南德斯在《新西班牙的植物和动物》一书中也记述过单瓣大丽花。之后于1787年法国人买浓彪（Nicholas Fhierry de Menonvilla）在墨西哥的Guaxaca附近的庭院里也记述了株高1.5～1.8m、紫色的重瓣大丽花，以上都是有关大丽花栽培的早期记载。1789年墨西哥植物园园长维森特·西尔润特（Vincete Cerrante）又将大丽花引入欧洲皇家植物园，并以英国为中心，经园艺家杂交培育出具广泛变异的后代。1790年育出半重瓣紫红色品种；同时在法国和比利时出现了双瓣花品种，这是大丽花进化中最重要的环节。1800年后，大丽花品种改良工作在欧洲蓬勃发展，至1806年德国的布莱德已发表103个改良的单瓣品种。1808年德国的哈鲁对西最早育出重瓣品种，以后装饰型、球型及小球型的品种相继出现，到1830年，球型品种已达1 000余种，1836年出现了由较短的内曲筒状花瓣组成的绒球型大丽花。1872年荷兰的贝尔克（M.J.T.Van den Berg）发现管状花瓣的大丽花。1879年在英国皇家园艺协会举办的展览会上首次展出仙人掌型大丽花，成为现代仙人掌型品种的基础。此后英国一些育种家又相继杂交育出小装饰型、矮生型以及小仙人掌型、牡丹型等类型。到1905年出现了兰花型品种，这是法国马尔坦（L.Martin）发现兰花型的原型，经过15余年的杂交选育而成的。近几十年来，大丽花的选种育种工作在世界各地广泛开展，园艺品种层出不穷，仅美国、英国、德国、荷兰、日本等国拥有数千种。据日本松尾真平于1955年统计，当时全世界已发表和出售的大丽花品种多达3万种，成为园艺上规模庞大而重要的花卉。

一、育种目标

大丽花育种的目的是改良各种性状、提高植物的观赏价值，包括花朵颜色、大小和形状。不同用途的大丽花的育种目标不同，切花大丽花的育种目标是选育植株生长健壮，株型直立挺拔，花头直立向上，花朵大小适中，一致性好，瓶插期长，易包装，耐运输，生长周期较长的品种；盆栽大丽花的育种目标是选育株型矮化，花朵紧凑，一致性强，易包装，耐运输，生长周期短的品种；庭院大丽花的育种目标是培育能自然越冬，花型奇特，花色丰富，花朵繁茂，花期长，生长健壮，养护管理简单，适合地栽或盆栽，能在庭院或园林绿地中应用的品种。

二、育种技术

1. 杂交育种

现代大丽花是由原生种经过多代杂交而来。杂交是许多植物育种的重要组成部分。杂交包括不同物种之间的杂交（种间杂交），或一个物种内基因不同的个体之间（选种、育种系或栽培品种）的杂交（种内杂交）。杂交之所以具有重要意义，主要有两个原因：一是将基因及其控制的性状从一种植物转移到另一种植物；二是利用遗传上不同的植物杂交创造出亲本原来所不具备的特性，提高后代的生活力。因此，杂交育种是传统且经典的选育方法，也是大丽花新品种选育最主要、最有效和最简便易行的途径。

（1）杂交亲本的选择 杂交亲本选择得当是育种成功的关键，主要根据育种目标、已掌握的遗传特性、双亲间的亲和性、双亲花期是否相遇等来确定。通常选择抗性强、长势健壮、株型适中、茎秆挺拔、花朵性状优良的品种。

亲本资源

（2）授粉 大丽花的舌状花为雌性花，管状花为两性花，因雌雄蕊成熟期不同，小花呈自花不孕状态，但在一个花序中各小花之间仍能相互授粉形成种子。杂交授粉时父本花粉来源于管状花，管状花与舌状花的雌蕊均可用作母本，即花粉的接受者。重瓣品种的管状花数量较少或缺少，故多以花序外围的舌状花作为母本接受花粉。同一头状花序，小花由外向内逐步开放，小花从第一朵成熟至盘心内最后一朵成熟需要很长时间，在气温较低时最长需50余天。由于成熟的时间不同，需要授粉的时间也各不相同。授粉时间应依据小花开放的时间与成熟度决定，雌蕊开裂并分泌黏液，是授粉的最佳时机。由于多数品种舌状花的花冠筒较长，雌蕊不能伸出花管接受花粉，人工授粉时应于舌状花成熟前剪去花冠上部，仅保留基部，注意不可伤及雌蕊柱头。用干净的毛笔或脱脂棉签蘸取父本花粉，涂抹于母本成熟柱头上。同一头状花序的小花先后成熟，剪瓣与授粉需多次进行。每次授粉后套袋，最后一次授粉一周后将袋摘除。最佳的授粉时间为晴天10:00至16:00，授粉15 ~ 20 d后当花朵老熟时将多余花朵剪除，以减少营养消耗，增加阳光透入，有利于种子发育成熟。此外还应注意防止花头折倒和沾水霉烂。大丽花授粉后30 ~ 50d种子即可成熟，及时采收、晾干、去杂、贮藏。

套袋隔离

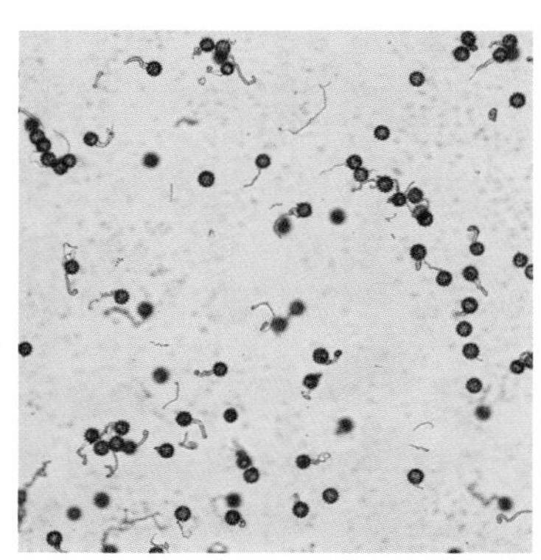

花粉离体萌发

2. 诱变育种

由于种种原因，诱变育种在观赏植物以及许多其他园艺植物，如柑橘和苹果中尤其成功。首先，选择包括花型、花的大小、花色等直观特征的突变通常不难。其次是许多品种是杂合的，这可能允许通过突变和杂交扩大变异。此外，体外或体内繁殖方法经常能成功地诱导出突变体植株。大丽花是异源多倍体，现代品种有2n=64条染色体，现在通常认为是四倍体(2n=4x=64)，也有的认为是八倍体（2n=8x=64)。品种基因型高度杂合，遗传背景复杂，且大丽花作为球根花卉，从播种到植株开花的繁育周期较长，因此，在适当的时候进行辐射是非常重要的。

D. pinnata 被认为是一个用于突变育种的很有前景的种，其高度的多倍性和大量的花色基因引起人们的广泛关注。辐射应在发育早期进行，此时，突变的细胞具有对新植株、块茎或鳞茎产生重大影响的可能性。因此，辐射应在块茎收获后立即进行。诱变育种包括化学诱变（DMS、EMS 等）和物理诱变(^{60}Co-γ 射线)。化学诱变剂通常会引起点突变（序列上的微小改变)，物理诱变剂会在染色体上引起较大的改变。重离子束用于诱变育种，有望在轻损失前提下获得较高突变率和较宽的突变谱，大丽花经兰州重离子加速器提供的 80MeV/u12C^{6+}离子束辐照后产生矮化突变体和花色突变体，并用随机扩增多态性（Random Amplified Polymorphic, RAPD）DNA 技术对野生型和突变体进行检测分析。大丽花具有多倍性和杂合性，离子束辐照能使其基因发生多种变化，可以选育出适合盆栽的矮化等新的基因型品种。^{60}Co-γ 射线辐射后对大丽花生长速率和叶绿素含量的影响结果表明，低剂量辐射处理的花卉前期生长速率

较高，长势优于对照；高剂量辐射处理的花卉后期生长速率高，并对其生长均有一定抑制作用，且抑制作用与处理剂量间呈正相关关系。有较高的光合作用和抗逆性，据此进而筛选具有较高观赏和经济价值的优良品种。

3. 现代生物技术

分子标记为研究大丽花遗传资源间的遗传变异奠定了基础。它们对于品种间的差异鉴定、种质资源管理、商业品种鉴别、保护育种者的权益等方面具有重要意义。

在传统育种中，亲本选择是建立在形态基础上的，受环境影响极大。然而，RAPD、AFLP、ISSR、SSR和SNPs等与各种经济性状相关的DNA标记的开发，有助于植物育种工作者选择理想的杂交亲本进行品种改良。

利用脱毒材料可以成功地消除大丽花的许多重要病害。离体培养是植物生物技术的关键手段之一。此外，植物的离体快繁是一种众所周知的高效生产和繁殖优良植物材料的技术。它有助于在最短的时间内改良和快速繁殖选育出具有所要求的性状的植株，并能通过基因修饰和原生质体融合培育出新品种。

三、新优品种介绍

大丽花在荷兰、英国、日本栽培较多，荷兰的矮生多花型大丽花在国际市场上畅销不衰，每年收入数亿美元。我国栽培大丽花历史较短，现有600 余个品种，主要分布在东北、华北及西北地区，20 世纪70 年代末以来由张万全、临洮县大丽花培育中心等培育出适宜盆栽的临洮大丽花品种 40多个，如墨狮子、粉鹦嘴、黄鸥、墨魁、冰清玉洁、白牡丹、紫环银勾等，形成了具有鲜明特色的大丽花优良品种群。东北辽阳地区的栽培育种者采用定向授粉、配组，配合扦插、矮化等栽培管理技术，已选育出优秀、重瓣、大花品种300多种，其中以桃花冠、帅旗、荷菊为佳。云南省农业科学院花卉研究所于2013年开始引种，并进行切花品种定向育种，已获得50余个优良株系，其中已申报品种8个，并获得品种权。

在对大丽花品种进行了大量收集、整理、鉴定、评价的基础上，选出了60个新优品种，详细介绍如下。

1. 蒙娜（Mona）

【来源】云南省农业科学院花卉研究所杂交选育，母本为神秘的一天（Mystery day），父本为爱丁堡（Edinburgh）。

【特性】株高50～80cm；叶对生，奇数羽状复叶，小叶椭圆形，先端渐尖，基部楔形，边缘具锯齿；头状花序，花径6～9cm，花重瓣，花瓣排列规则，舌状花长卵圆形，先端微内卷，盛开呈半球状，后期不露心，为规整型，花瓣紫红色（RHS NN78A），花色均匀。

【应用】适合作盆花。

蒙　娜

2. 丽莎（Lisa）

【来源】云南省农业科学院花卉研究所杂交选育，母本为热浪（Heat Wave），父本为伯尼之塔（Bonesta）。

【特性】株高50～80cm；叶对生，奇数羽状复叶，小叶椭圆形，先端渐尖，基部楔形，边缘具锯齿；头状花序，花径6～9cm，花重瓣，外轮花瓣展开后向外翻卷，盛开时呈球状，后期露心，为半球型，花瓣粉红色（RHS 73B），花色均匀。

【应用】适合作盆花。

丽　莎

3. 紫霞（Zi xia）

【来源】云南省农业科学院花卉研究所杂交选育，母本为爱丁堡（Edinburgh），父本为热浪（Heat wave）。

【特性】株高50～80cm；叶对生，奇数羽状复叶，小叶椭圆形，先端渐尖，基部楔形，边缘具锯齿；头状花序，花径6～9cm，花重瓣，花瓣排列规则，舌状花长卵圆形，先端微内卷，盛开呈半球状，后期露心，为规整型，花瓣紫红色（RHS 61B），花色均匀。

【应用】适合作盆花。

紫 霞

4. 粉黛（Fen dai）

【来源】云南省农业科学院花卉研究所杂交选育，母本为佩特拉的婚礼（Petra's Wedding），父本为桑德拉（Sandra）。

【特性】株高80～100cm；叶对生，奇数羽状复叶，小叶椭圆形，先端渐尖，基部楔形，边缘具锯齿；头状花序，花径6～9cm，舌状花重瓣，不露心，排列不整齐，花瓣基部内卷，花型为装饰型，花瓣淡粉色（RHS 56C），盛开呈半球状。

【应用】适合作切花。

粉　黛

5. 紫珠（Zi zhu）

【来源】云南省农业科学院花卉研究所杂交选育，母本为热浪（Heat wave），父本为伯尼之塔（Bonesta）。

【特性】株高80～100cm；叶对生，奇数羽状复叶，小叶椭圆形，先端渐尖，基部楔形，边缘具锯齿；头状花序，花径6～9cm，舌状花重瓣，后期露心，排列不整齐，花瓣稍卷曲，花型为装饰型，花瓣紫红色（RHS N72A）。

【应用】适合作切花。

紫　珠

6. 黄金缕（Huang jinlü）

【来源】云南省农业科学院花卉研究所杂交选育，母本为阳光男孩（Sunny boy），父本为伯尼之塔（Bonesta）。

【特性】株高80～100cm；叶对生，奇数羽状复叶，小叶椭圆形，先端渐尖，基部楔形，边缘具锯齿；头状花序，花径6～9cm，为小型花；舌状花重瓣，后期露心，排列不整齐，花瓣稍卷曲，花型为装饰型，花瓣黄色（RHS 3C）。

【应用】适合作切花。

黄金缕

7. 锦瑟（Jin se）

【来源】云南省农业科学院花卉研究所杂交选育，母本为花园奇迹（Garden wonder），父本为小萝卜头（Little robbert）。

【特性】株高60 ~ 80cm；叶对生，奇数羽状复叶，小叶椭圆形，先端渐尖，基部楔形，边缘具锯齿；头状花序，花径8 ~ 12cm，舌状花重瓣，不露心，花瓣稍卷曲，花型为装饰型，舌状花复色，上部为红色（RHS 46C），下部为黄色（RHS 7A）。

【应用】适合作盆花。

锦　瑟

8. 白色飘雪（Myama fubuki）

【来源】荷兰进口品种。

【特性】株高100cm，花径15cm，花重瓣，白色，茎叶均为绿色。

【应用】适合庭院种植及作切花。

白色飘雪

9. 伦尼的梦想（Lenny’s dream）

【来源】荷兰进口品种。

【特性】株高100cm，花径12cm，花重瓣，粉红色，叶片绿色，茎秆紫色。

【应用】适合庭院种植及作切花。

伦尼的梦想

10. 卡夫卡（Franz kafka）

【来源】荷兰进口品种

【特性】株高80cm，花径5～6cm，花重瓣，淡紫色，圆球形，叶片绿色，茎秆绿色带紫晕。

【应用】适合作切花。

卡夫卡

11. 粉丝绸（Pink silk）

【来源】荷兰进口品种。

【特性】株高90cm，花径10～12cm，花重瓣，粉色，茎叶绿色。

【应用】适合作切花。

粉丝绸

12. 赛德蕾丝图哲（Siedlerstolz）

【来源】荷兰进口品种。

【特性】植株矮小，株高60cm，花径15cm，花重瓣，红白复色，叶绿色，茎秆绿色带紫晕。

【应用】适合作盆花。

赛德蕾丝图哲

13. 狂欢节（Mardi gras）

【来源】荷兰进口品种。

【特性】株高100cm，花径12cm，花重瓣，火红色，叶绿色，茎秆紫褐色。

【应用】适合作切花。

狂欢节

14. 布特卡波（Buttercup）

【来源】荷兰进口品种。

【特性】株高100cm，花径8cm，花重瓣，黄色，叶绿色，茎秆绿中带紫。

【应用】适合作切花。

布特卡波

15. 跳棋（Checkers）

【来源】荷兰进口品种。

【特性】株高100cm，花径15cm，花重瓣，红色，花瓣先端白色，叶绿色，茎秆紫褐色。

【应用】适合庭院种植或作切花。

跳　棋

16. 阿尔巴塔克斯（Arbatax）

【来源】荷兰进口品种。

【特性】株高100cm，花径12cm，花重瓣，粉色，茎叶均为绿色。

【应用】适合作切花。

阿尔巴塔克斯

17. 比阿特丽斯（Beatrice）

【来源】荷兰进口品种。

【特性】株高100cm，花径12cm，花重瓣，橙红色，叶绿色，茎秆绿中带紫。

【应用】适合作切花。

比阿特丽斯

18. 潇洒（Caproz pizzazz）

【来源】荷兰进口品种。

【特性】株高110cm，花径9cm，花重瓣，紫色，叶绿色，茎秆绿中带紫。

【应用】适合作切花。

潇　洒

19. 滋披忒·多·达（Zippity do da）

【来源】荷兰进口品种。

【特性】株高100cm，花径8cm，花重瓣，淡紫色，叶绿色，茎秆绿中带紫。

【应用】适合作切花。

滋披忒·多·达

20. 黑暗之灵（Dark spirit）

【来源】荷兰进口品种。

【特性】株高100cm，花径10cm，花重瓣，暗红色，叶绿色，茎秆紫褐色。

【应用】适合作切花。

黑暗之灵

21. 维京人（Viking）

【来源】荷兰进口品种。

【特性】株高110cm，花径8cm，花重瓣，红色，叶绿色，茎秆全紫色。

【应用】适合作切花。

维京人

22. 回忆（Souvenir d'ete）

【来源】荷兰进口品种。

【特性】株高100cm，花径10cm，花重瓣，橙黄色，叶绿色，茎秆紫色。

【应用】适合作切花。

回 忆

23. 波彻儿（Bocherell）

【来源】荷兰进口品种。

【特性】株高100cm，花径12cm，花重瓣，橙黄色，叶绿色，茎秆绿中带紫。

【应用】适合作切花。

波彻儿

24. 傍晚的微风（Evening breeze）

【来源】荷兰进口品种。

【特性】株高90cm，花径10cm，花重瓣，深粉色，茎叶均为紫色。

【应用】适合庭院种植或作切花。

傍晚的微风

25. 天空之城（Paradise city）

【来源】荷兰进口品种。

【特性】株高110cm，花径13cm，花重瓣，粉色，叶绿色，茎秆紫色。

【应用】适合作切花。

天空之城

26. 安全射击（Safe shot）

【来源】荷兰进口品种。

【特性】株高120cm，花径10cm，花重瓣，红色，叶绿色，茎秆绿中带紫。

【应用】适合作切花。

安全射击

27. 伊芙琳（Eveline）

【来源】荷兰进口品种。

【特性】株高110cm，花径11cm，花重瓣，浅紫色，茎叶均为绿色。

【应用】适合作切花。

伊芙琳

28. 纳塔尔（Natal）

【来源】荷兰进口品种。

【特性】株高110cm，花径7cm，花重瓣，红色，叶绿色，茎秆绿中带紫。

【应用】适合作切花。

纳塔尔

29. 疯狂的爱（Crazy love）

【来源】荷兰进口品种。

【特性】株高60cm，花径12cm，花重瓣，浅紫色，叶绿色，茎秆紫色。

【应用】适合作盆花。

疯狂的爱

30. 简·万·斯卡法拉（Jan. wan. schaffelaar）

【来源】荷兰进口品种。

【特性】株高110cm，花径8cm，花重瓣，粉红色，叶绿色，茎秆全紫色。

【应用】适合作切花。

简·万·斯卡法拉

31. 画廊伦勃朗（Gallery rembrandt）

【来源】荷兰进口品种。

【特性】株高50cm，花径9cm，花重瓣，粉红色，茎叶均为绿色。

【应用】适合作盆花。

画廊伦勃朗

32. 冬青休斯敦（Holly huston）

【来源】荷兰进口品种。

【特性】株高120cm，花径24cm，花重瓣，红色，叶绿色，茎秆紫红色。

【应用】适合庭院种植。

冬青休斯敦

33. 松林公主（Pinelands princess）

【来源】荷兰进口品种。

【特性】株高120cm，花朵巨大，花径20cm，花重瓣，粉色，叶绿色，茎秆绿中带紫。

【应用】适合庭院种植。

松林公主

34. 粉红伊莎（Pink isa）

【来源】荷兰进口品种。

【特性】株高60cm，花径6cm，花重瓣，粉色，茎叶均为绿色。

【应用】适合作盆花。

粉红伊莎

35. 情人（Gallery valentin）

【来源】荷兰进口品种。

【特性】株高40cm，花径9cm，花重瓣，红色，叶绿色，茎秆紫色。

【应用】适合作盆花。

情　人

36. 小火罐（Firepot）

【来源】荷兰进口品种。

【特性】株高50cm，花径13cm，花重瓣，火焰色，叶绿色，茎秆紫色。

【应用】适合作盆花。

小火罐

37. 花园奇迹（Garden wonder）

【来源】荷兰进口品种。

【特性】株高70cm，花径14cm，花重瓣，红色，叶绿色，茎秆全紫色。

【应用】适合作盆花。

花园奇迹

38. 圣马丁（Saint martin）

【来源】荷兰进口品种。

【特性】株高100cm，花径10cm，花重瓣，紫红色，茎叶均全绿色，花头直立性好。

【应用】适合作切花。

圣马丁

39. 小喜悦（Glow）

【来源】荷兰进口品种。

【特性】株高80cm，花径7cm，花重瓣，红色，叶绿色，茎秆全紫色。

【应用】适合作切花。

小喜悦

40. 马帝斯（Gallery matisse）

【来源】荷兰进口品种。

【特性】植株矮小，株高35cm，花径10cm，花重瓣，橘红色，叶绿色，茎秆紫色。

【应用】适合作盆花。

马帝斯

41. 伯尼之塔（Bonesta）

【来源】荷兰进口品种。

【特性】株高120cm，花径8cm，花重瓣，粉色，叶绿色，茎秆紫色，花头直立性好。

【应用】适合作切花。

伯尼之塔

42. 佩特拉的婚礼（Petra's wedding）

【来源】荷兰进口品种。

【特性】株高80cm，花径8cm，花重瓣，白色，茎叶均为绿色。

【应用】适合庭院种植或作切花。

佩特拉的婚礼

43. 神秘一天（Mystery day）

【来源】荷兰进口品种。

【特性】株高70cm，花径13cm，花重瓣，红白复色，叶绿色，茎秆绿中带紫。

【应用】适合庭院种植。

神秘一天

44. 大理石（Marble ball）

【来源】荷兰进口品种。

【特性】株高100cm，花径10cm，花重瓣，紫红复色花，叶绿色，茎秆绿中带紫。

【应用】适合作切花。

大理石

45. 银年（Silver years）

【来源】荷兰进口品种。

【特性】株高70cm，花径13cm，花重瓣，淡粉色，叶绿色，茎秆绿中带紫。

【应用】适合庭院种植。

银　年

46. 阳光男孩（Sunny boy）

【来源】荷兰进口品种。

【特性】株高90cm，花径8cm，花重瓣，黄色，茎叶均绿色。

【应用】适合作切花。

阳光男孩

47. 爱丁堡（Edinburgh）

【来源】荷兰进口品种。

【特性】株高120cm，花径11cm，花重瓣，紫白复色花，叶绿色，茎秆绿中带紫。

【应用】适合庭院种植。

爱丁堡

48. 绒毛伍兹（Fuzzy wuzzy）

【来源】荷兰进口品种。

【特性】株高120cm，花径11cm，花重瓣，紫白复色花，叶绿色，茎秆绿中带紫。

【应用】适合庭院种植或作切花。

绒毛伍兹

49. 西雅图（Seatle）

【来源】荷兰进口品种。

【特性】株高90cm，花径15cm，花重瓣，黄白复色花，叶绿色，茎秆紫色。

【应用】适合庭院种植。

西雅图

50. 罗塞拉（Rosella）

【来源】荷兰进口品种。

【特性】株高130cm，花径11cm，花重瓣，粉色，叶绿色，茎秆紫色，直立性好。

【应用】适合作切花。

罗塞拉

51. 帕洛卡公主（Parc princess）

【来源】荷兰进口品种。

【特性】株高80cm，花径11cm，花重瓣，粉色，茎叶均为绿色。

【应用】适合庭院种植。

帕洛卡公主

52. 新生儿（New baby）

【来源】荷兰进口品种。

【特性】株高140cm，花径6cm，花重瓣，橙红色，叶绿色，茎秆绿中带紫。

【应用】适合作切花。

新生儿

53. 黄色火炬（Golden torch）

【来源】荷兰进口品种。

【特性】株高110cm，花径12cm，花重瓣，黄色，茎叶均为绿色。

【应用】适合作切花。

黄色火炬

54. 苯教比尼（Karma bon bini）

【来源】荷兰进口品种。

【特性】株高110cm，花径15cm，花重瓣，火焰色，叶绿色，茎秆为全紫色。

【应用】适合庭院种植。

苯教比尼

55. 芬克里夫梦幻（Ferncliff illusion）

【来源】荷兰进口品种。

【特性】株高150cm，花径20cm，花重瓣，紫白复色花，叶绿色，茎秆紫色。

【应用】适合庭院种植。

芬克里夫梦幻

56. 达琳夫人（Lady darlene）

【来源】荷兰进口品种。

【特性】株高100cm，花径20cm，花重瓣，橙红复色花，叶绿色，茎秆绿中带紫。

【应用】适合庭院种植。

达琳夫人

57. 画廊贝里尼（Gallery bellini）

【来源】荷兰进口品种。

【特性】植株矮小，株高50cm，花径10cm，花重瓣，粉色，茎叶均为绿色。

【应用】适合作盆花。

画廊贝里尼

58. 双吉尔（Double jill）

【来源】荷兰进口品种。

【特性】株高100cm，花径8cm，花重瓣，黄白双色，叶绿色，茎秆紫色。

【应用】适合作切花。

双吉尔

59. 宝石粉（Jewel pink）

【来源】荷兰进口品种。

【特性】植株矮小，株高60cm，花径5cm，花重瓣，粉色，叶绿色，茎秆绿中带紫。

【应用】适合作盆花。

宝石粉

60. 雪莲花（Snowdrop）

【来源】荷兰进口品种。

【特性】株高110cm，花径9cm，花重瓣，白色，茎叶均为绿色。

【应用】适合作切花。

雪莲花

Chapter 4

大丽花繁殖和栽培

一、繁殖方法

繁殖是植物繁衍后代、延续物种的一种自然现象，大丽花的繁殖方法有种子繁殖和营养繁殖两大类，种子繁殖是有性繁殖，通常用于育种；营养繁殖又称为无性繁殖，是以植物体的营养器官（根、茎、叶、芽）的一部分，利用植物体的再生能力产生新植株的方法，包括扦插、分株、嫁接、组培等方式。

1.种子繁殖

种子繁殖为植物开花结实后，将收获的种子进行播种而产生新植株的方法。种子的形成是由胚珠受精后发育而成的，因此又称为“有性繁殖”。培育新品种以及矮生系统的花坛品种，多用种子繁殖。大丽花夏季因湿热而结实不良，故种子多采自秋凉后成熟者，并且又以外侧2～3轮管状花结实最为饱满，愈向中心的管状花结实愈困难。极少数舌状花能结实，故应以管状花作母本。通常雄蕊先熟。花粉散出后，雌蕊急速伸长，所以应将母本管状花的雄蕊在成熟前去除（用剪除管状花的先端部分去雄），待雌蕊成熟时进行授粉。因舌状花凋萎后常残存在花托上，着雨水后而腐败影响管状花结实，所以授粉前应完全拔除。可先切取供父本用的花，放室内水养，待花粉成熟时取出保存备用。授粉宜在10: 00至16:00进行。经30d左右种子成熟，若在成熟前遇严重霜冻，会丧失发芽力，所以应在霜冻前切取带果实的枝条，置于向阳通风处，吊挂起来催熟。种子去杂后贮藏至翌春播种，一般7 ~ 10d发芽。当年秋天即可开花，其生长势较扦插苗和分株苗强健。

因大丽花园艺品种为多源杂种，由不同系统的同源4倍体杂交而成的异源8倍体，遗传基因丰富而复杂，播种后，变异大而丰富，所以对培育新品种极为有利。

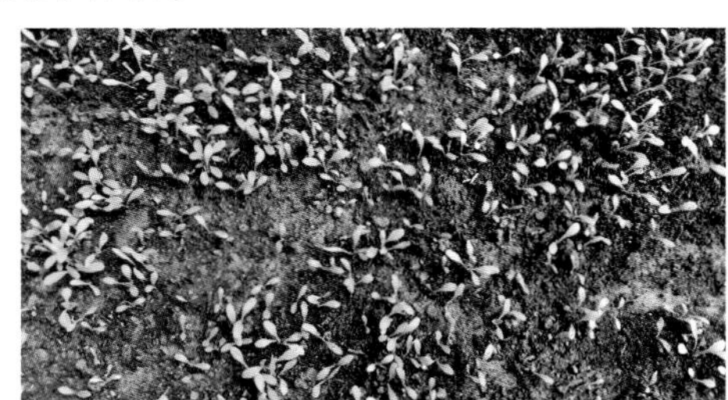
播　种

幼　苗

2. 扦插繁殖

催　芽

扦插繁殖简便易行，并且能保持母本品种的优良性状，变异小，开花早。重瓣品种多采用该种方法进行繁殖，包括如下步骤：

（1）催芽　大丽花嫩枝扦插易生根，采取插穗的块根，应先行催芽。将大丽花块根装入栽培箱内培上湿沙或泥炭土等栽培基质，深约8cm，使根冠露出土面，将花槽稍加震动，使栽培基质与块根紧密结合，将栽培箱置于温室内。白天温度18～20℃，夜间温度15～20℃，使其抽生出不定芽，以备作插穗用。催芽时切忌浇水过多，10～15d即可长出嫩芽。

（2）扦插与移栽　当新苗长到高8～10cm或有5～6片叶时，留1～2片叶用利刀切下，除去基部1～2片叶，插入沙床或备好的容器中，扦插用土以沙质壤土加少量腐叶土或泥炭土为宜，应高温消毒或充分晾晒灭菌灭虫后应用。插穗间距1.0cm、行距3.0cm，同时插上品种标签、扦插日期，插完浇透水，温室温度保持白天20～25℃、夜间15～20℃，湿度75%～90%，5～20d生根便可移栽。

扦插繁殖一年四季皆可进行，但以早春扦插最好。2～3月，将根丛在温室内囤苗催芽（即根丛上覆盖沙土或腐叶土，每天浇水并保持室温，白天18～20℃，夜间15～18℃），待新芽高至6～7cm，基部一对叶片展开时，剥取扦插。亦可留新芽基部一对叶以上处进行切取，留下的一对叶腋内的腋芽伸长6～7cm时，又可切取扦插，这样可以继续扦插到5月。春插苗不仅成活率高，且经夏秋充分生长，当年即可开花。6～8

插　穗

扦插苗

扦插苗生根

扦插苗移栽

月初可自成长植株上取芽，进行夏插，成活率不及春插。9～10月以及冬季均可扦插但需在温室内培养，成活率不如春插而略高于夏插。徐成文（2004）、张艳红等（2006）等对大丽花扦插繁殖进行试验研究。大丽花的嫩枝扦插一年四季均可进行，春夏秋三季最佳，以3～4月在温室或温床内扦插成活率最高。50mg/L萘乙酸溶液中快浸一下，处理后生根效果最佳，幼芽生根数、根长和生根率最高，生根时间最短。

3. 分株繁殖

分株又叫分根。大丽花的萌芽部位在老茎的茎节叶痕处，春季3～4月，取出贮藏的块根，将每一块根及着生于根颈上的芽一齐切割下来（切口处涂草木灰防腐），另行栽植。若根颈部发芽少的品种，可每2～3条块根带一个芽而切割。无根颈或根颈上无发芽点的块根不会出芽，不能栽植。若根颈上发芽点不明显或不易辨认时，可于早春提前催芽，待发芽后取出，再按上述方法进行切割。切割时用利刀分切，分切时最少要带1个芽、1个块根，伤口涂抹新烧制的草木灰、木炭粉或硫黄粉。此法简便易行，成活率高，植株健壮，但繁殖系数不如扦插法多。

块根出芽

块根分株

4. 嫁接繁殖

大丽花的嫁接，分块根接与枝接两种。块根嫁接是将一个品种的芽嫁接到另一贮存丰富营养的块根上。由于块根供给营养充足，所得植株的生长势较强健，但块根嫁接方法比较复杂，难以操作，所以除了用于使珍稀品种复壮外，对一般品种而言，多不采用此法。枝接法是将不同品种的芽嫁接到同一砧木上，会获得花色不同、花形各异的植株，因而观赏价值较高。枝接法主要用于大型花展上。

一般于6月下旬，当大丽花植株高达50cm左右时，选取露地栽植或盆栽优良品种的健壮植株作砧木（砧木能直接影响嫁接后植株的开花质量和数量，所以选择砧木很重要）。再另选几个不同优良品种的芽作接穗，接穗关系到能否形成优良的新植株，所以，应选择植株上部饱满的侧芽作接穗。嫁接时，首先将砧木各分枝的顶端剪掉，用锐利刀片将各分枝沿纵向切开2cm深的切口，再将接穗削成与切口相应的楔形插入切口，使砧木和接穗的形成层紧密贴合，用不透明的塑料条包扎接口处，使其处于黑暗条件下，有利于形成层的愈伤组织生长。嫁接后3～5d内要进行遮阳，接穗一般经7～9d即可成活，对嫁接后的新植株要加强培育管理，摘除砧木上的侧芽，保证接穗的正常生长发育。

5. 组培繁殖

生产上，为了在短期内获得大量的植株，常采用组培繁殖。利用组织培养、离体快繁等技术进行茎尖脱毒培养，可以有效解决大丽花病毒病的问题。张立磊、满贵武等对大丽花茎尖材料进行脱毒快繁技术处理，完成了诱导分化、病毒检测、快速繁殖，获得了脱毒的大丽花植株，在脱毒苗与对照进行的对比试验中，脱毒苗花色艳丽、生长繁茂，花期明显延长，花量大，抗逆性明显增强。鞠志新等用杂交一代F_1大丽花的种子、嫩芽及开花茎段做外植体，以MS为基本培养基，在5个分化培养基上接种诱导出芽，在4个继代培养基上扩繁增殖，在4个生根培养基上诱导生根，在4种无土基质上出瓶培养成生产用苗，试验采用简易材料和药品，降低了组培苗生产成本，选取可控花期的不同部位外植体，可缩短生产周期。

（1）启动培养 在大丽花旺盛生长期，以大丽花茎尖为材料，用洗衣粉清洗表面后用流水冲洗干净，然后在超净台上用75%乙醇灭菌30s，再用0.1% $HgCl_2$（滴加吐温1～2滴）灭菌10～15min，无菌水冲洗3～5次，吸干水分后接种至诱导培养基MS + 6-BA 2.0mg/L + NAA 0.1mg/L中，其中蔗糖3%，琼脂6～7g/L，pH5.8。于光照度2 000lx，光照时间8～10h，温度23℃ ±2℃条件下培养30～40 d即可诱导出芽。

（2）增殖培养 将启动培养阶段诱导出的幼芽切下，然后接种于相同的培养基MS + 6-BA 2.0 mg/L + NAA 0.1mg/L，蔗糖3%，琼脂6～7 g/L，pH5.8，培养条件同上。每20～30 d继代一次，直到扩繁至所需数量。

（3）生根培养 待扩繁至所需数量后，取2～10cm丛生芽接种于生根培养基MS+NAA0.1mg/L中，其中蔗糖3%，琼脂6～7g/L，pH5.8，培养条件同上。10～15d生根即可出瓶。

增殖培养

生根壮苗

（4）炼苗移栽　大丽花组培瓶内生根10～15d后即可炼苗。炼苗温室按常规安装遮阳网、加温设备、加湿设备和灌溉设备，炼苗温室内的温度控制在10～28℃，空气相对湿度60%～100%；以腐叶土为基质，在基质中加入甲基硫菌灵800倍液搅拌，使基质含水量为60%～70%后平铺入穴盘内。

炼苗前将组培生根苗直接从瓶内取出，洗净组培苗上的培养基，用多菌灵或百菌清800～1 000倍液浸泡组培苗10～15min；如果组培苗的根长度≥1cm，直接将该组培苗插入基质中；如果组培苗无根或根长度<1cm，则将该组培苗根部蘸600mg/L吲哚丁酸溶液后插入基质中。整个移栽过程在炼苗温室内进行，炼苗温室内的温度控制在20～28℃，空气相对湿度60%～100%，顶部安装遮光率为50%的遮阳网进行遮阳，组培苗移栽完成后喷水定根。在整个炼苗期间，控制炼苗温室内

炼苗移栽

的白天温度为20～28℃，夜间温度不低于10℃，空气相对湿度为80%～85%。从组培苗移栽的第一天起至第30天，每隔2h进行一次喷雾，每隔3d浇一次透水，确保基质和空气湿润；待穴盘内的苗生长30d后，撤去遮阳网，当穴盘内基质含水量降低至40%时，喷施一次透水；当穴盘内的苗长至4～5cm高时，将穴盘移至温室外进行露天炼苗，需保持穴盘基质湿润。

需要注意的是一定要保持水分湿润，特别是炼苗初期。基质在移栽前就要浇透水，移栽完成后还需再浇足定根水。一般炼苗期为1～2个月，之后便可移栽种植。

二、栽培管理

大丽花的栽培方式因目的不同而异，通常有露地栽培和盆栽两种方式。

1. 露地栽培管理

（1）地段选择 大丽花喜阳光、怕水渍，地栽时要选择地势高、排水好、光照充分的地段，或将田面做成高畦，株距不得小于50cm；若是周围有其他遮挡阳光的杂木和杂草，应及时清理以便通风透光。此外大丽花的茎秆脆嫩，经不住大风侵袭，因此应选择背风向阳的地段。

露地栽培

（2）平整土地 相对于其

他草花，大丽花植株较大，根系较为发达，因而在整地时要突出深翻、平整和松软。最后在冬季挖根后深翻一次；待翌年春季定植时，再进一步平整。由于大丽花最怕水渍，因而平整时需要在田间打造宽20～30cm的高畦，畦面保持平整，两畦之间根据所栽品种的高矮而保持60～80cm的行间距。

（3）土壤消毒与施肥 平整土地时将适量腐熟后的农家肥与呋喃丹、多菌灵均匀地撒入田内，然后深耙平。

（4）催芽与分栽 大丽花是肉质块根花卉，其芽点处于根、茎交界处，为了使分割下的每一个块根都能发芽，就必须在移栽前进行催芽，等脚芽长到10cm左右时再进行分栽；栽植时要始终保持土壤湿润，如果土壤过干，应先用水浸泡土坑，待水渗完后，再放入新苗（包括块根、分根苗和扦插苗等），然后用湿土覆盖其根部，厚度为5cm左右；定植后再浇一次透水，待表土稍干时，封土保墒。

（5）田间管理

①浇水。幼苗时期，若所栽植的是分根苗或块根，只要土壤湿润或不太干，就不要浇水，否则块根容易腐烂；如果所栽植的是扦插苗，其耐旱性较差，因而在干旱时应及时浇水。另外，对于扦插苗来说，为了提高其成活率，在缓苗期还应适当遮阳。大苗时期，由于大丽花是肉质块根花卉，其耐旱性很强，因而浇水时要掌握“不干不浇、干透再浇”的原则，如浇水过多，不但会造成腐烂，还会引起疯长。夏季天气炎热，蒸发量大，也不应浇水过多，而应向地面或叶片喷洒清水，以便降温；如果连阴雨后，天气突然暴晴，也应及时降温，否则叶片将发生焦边或干枯。

②抹芽。大丽花和菊花一样，要使其花大色艳，必须及时抹芽，尤其在花蕾形成阶段，主干或主枝营养生长基本停止，

养分堆积而使腋芽萌发，此时如不及时抹去腋芽，就会导致营养分流，影响主蕾的生长，进而影响开花；此外，在主蕾形成阶段，其下部也常有副蕾形成，与主蕾分享养分，造成两败俱伤，严重影响花朵大小，甚至造成不开花，因而更应及时抹去。

③拉网裱扎。大丽花大部分品种花头硕大，易倒伏，因而在显蕾期必须进行裱扎，为防不测风雨天气，有些高秆品种在花蕾形成前就应开始裱扎。在插裱杆时，一定要轻轻试探，切勿插在块根上，否则块根易发生腐烂。裱杆要以略低于植株高度为宜。

拉网裱扎

④疏叶疏枝。在大丽花主干生长的同时，从其根基部会发出一些脚芽，留下其中的3～4枝长势好的。当顶花开败后，应剪取主干，既可使其他脚芽通风透光，还可消除由败花而引起的视觉污染。剪去主干后不久，其他脚芽也陆续形成花蕾，

当这些花蕾竞相开放时，便是所谓的盛花期。在盛花期，大丽花往往由原来的1枝变为3～4枝，因而通透能力下降，这样既会徒长，又会造成下部叶片干枯脱落，影响开花和观赏性，所以必须适当进行疏叶；此外，有些品种的花梗很短，花朵往往藏在叶丛中，只有适当剪去部分叶片，才能欣赏到它的“芳容”。

大丽花开花

（6）越冬贮藏

大丽花怕霜打，降霜后期叶片变黑，地上部分枯萎。在昆明可以直接露地越冬，不需要挖起贮藏。在北方地区，在霜期来临前应尽快把植株从地上10cm处剪掉，并将块根挖起入窖，妥善管理，才能安全越冬。

①挖起。挖起时应整墩挖出，保留一部分原土，保持块根不散，否则纺锤状根易从根颈处折断，可能造成霉烂，影响翌年发芽。为了避免损伤，应尽量把土墩挖大一些。

②晾晒。将挖出的块根放在阳光下晾晒4～5d，使其去湿，伤口愈合。夜间盖上帘子以防受冻。待表土晒干，较嫩块根变软变蔫时即可入窖。

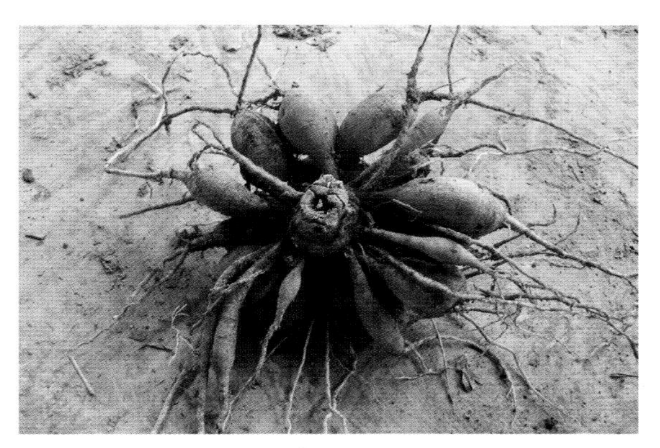

晾　晒

③挂牌贮藏。大丽花仅从根部区分品种是很困难的，若品种较多时，应认真挂牌标号，切莫疏忽。冷库温度应保持在1～6℃，3～5℃最佳，湿度保持在50%左右为宜。如果湿度太大会引起霉烂，湿度太小会出现抽干现象，即老根也开始变干萎缩。如有霉烂发生，应及时将其取出或剪去烂根，再用草木灰涂抹伤口；若发现抽干时，应及时将其埋在湿沙内自然保湿，切勿喷水，以防霉烂。

2. 盆栽管理

盆栽管理包括上盆、换盆、倒盆、松土、除草、浇水、施肥、配制培养土等环节。

（1）培养土的配制　盆栽大丽花的块根只能在盆内的土壤中吸收营养，因此，局限性很大，如土壤稍有不适，就会明显地影响植株的生长和发育。所以，对盆土的要求较高，不仅要具有排水、保水、透气等良好的物理性能，还要求土壤内含有比较丰富的养分。为了达到上述条件，盆栽大丽花的用土需要人工配制，由泥炭土、蛭石、河沙、炉渣和腐熟的有机肥等按比例混合配制。

盆栽大丽花

(2) 上盆、换盆 上盆就是将扦插生根的大丽花幼苗栽植到花盆中。当已盆栽的幼苗长到一定大小时，要换到比原盆大的新盆中，这个过程就叫换盆。在正常栽培情况下，从幼苗到开花前须换盆4～5次。当乳白色须根长到土团四周约达一半面积时，应及时换盆。如长满须根后换盆，则影响大丽花生长。换盆时，可稍去“肩土”，保持土球不散。如果土球散后，容易伤根系，缓苗慢且影响根系发育。增加换盆次数，能控制植株高度，使茎增粗，增大花径，延长花期。最后一次换盆称为定植。

(3) 倒盆 盆栽大丽花怕涝，当大雨天或遭水涝时，要将花盆倾斜放倒，待天晴或积水排除时再将盆放平，以免植株弯曲。

(4) 松土除草 为使盆土疏松、空气流通，需要松土。夏季要松土2～3次，并及时清除杂草。

(5) 浇水 盆栽大丽花浇水不宜过多，否则植株易徒长或引起块根腐烂。因此，浇透水后，要待叶片呈现下垂现象时再浇水。雨天，盆土稍干也不必浇水。久雨天晴，由于降雨时根毛受损以及阳光突然暴晒，虽然盆土不干，但叶片可能也呈现萎蔫状态，此时切勿立即浇水，只要向叶面喷水即可。当盛夏季节气温高、蒸发量大时，可向地面或叶面喷水2～3次，以喷湿叶面和地面为准。花朵盛开时，不宜向花朵喷水，否则易使花朵早谢。

(6) 施肥 大丽花喜肥，但又忌施肥过量，施肥浓度宜先淡而后浓。可根据叶片表现来判断施肥是否适量。施肥适中时叶片厚且色泽浓绿；缺肥时，叶片色泽变浅而叶质薄；若施肥过量，则叶片边缘发焦、折皱或叶尖发黄，氮肥过量则叶片肥厚而反卷。

在上盆或换盆时，将肥料拌入培养土中，即施基肥。用作基肥的肥料多为迟效性或分解慢的肥料。基肥与盆土的比例为6 ∶ 1，随着幼苗的生长，换大盆时，比例可增加到4 ∶ 1。在大丽花生长的旺盛时期，为满足根、茎、叶的生长和花芽分化的需要，必须适时适量追肥。用作追肥的肥料多为速效性肥料，常用的肥料有硫酸铵、尿素、硫酸亚铁、过磷酸钙以及充分腐熟的农家肥等。在大丽花整个生长期内，根据生长情况，追肥1～2次。

三、花期调控

1.影响大丽花生长与开花的因子

影响大丽花生长与开花的环境因子主要有日照长度和温度，下面就日照长度和温度对大丽花的生长和开花的影响加以说明。

（1）日照长度 大丽花的品种有绝对短日照植物和相对短日照植物两大类。因此，其花芽分化形成很大程度上受日照长度的影响。根据日本的研究发现，大丽花的花芽分化在10h短日照条件下最早，摘心后第5天就可以确认生长点肥大。10d以后在日照12h以下达到总包叶形成期。相比之下，16h长日照条件下要达到这个分化阶段，在摘心后需要30d，不但花芽分化推迟20d左右，而且节数也有所增加。随着花芽分化阶段的深入，花芽发育的最适日照长度要逐渐延长。最终的日照长度应在13h左右。在13h左右日照长度下，开花最早，花也整齐。如果继续在12h日照长度下处理，花芽的发育停止，或开花率降低，地上部的生长也受到抑制。但是，如果将日照延长到14h以上，开花期又大幅推迟。此外，花芽发育期间的日照时间越短，小花数越少；相反，管状花的数量有所增加，因而形成露心花。这种影响在花芽形成初期的很短时间内就表现出来。

由以上的研究资料表明，大丽花的花芽分化适宜日照长度为13～14h，在这个条件下可以正常开花。但是，如果在12h日照长度以下，即使花芽已经开始萌发，也会中途停止发育，表现为盲花或露心花。

（2）温度调节 日照长度是影响大丽花生长发育的主要环境因素，温度虽然不像日照长度那样显著地影响花芽分化，但却影响植株的生长和开花速度。试验证明，昼温为23℃，夜温为5℃、10℃和15℃的情况下，夜温越高，生长越快；在15℃以上的夜温下，开花不整齐；5℃下虽然开花非常整齐，但开花期大大推迟。日最低气温在10℃左右比较适宜。在低温条件下舌瓣花的数量有所增加。

2. 大丽花花期调控的方法

根据以上介绍得出，采取一些栽培技术手段，就可使大丽花按照指定的日期开放。下面，以“十一”国庆节、“五一”劳动节和元旦春节开花为主要栽培类型介绍几种花期控制方法。

（1）调控繁殖时间 依据大丽花的生命周期，繁殖是周期的起点，因此，可从总体上控制大丽花的开花时间。

“十一”国庆节开放的大丽花一般在3月初左右开始催芽，3月下旬进行扦插，4月中旬开始定植于8cm×8cm的营养杯中。此后，按前面介绍的盆栽管理措施进行管理。为保证大丽花国庆节开花的质量，特别要加强夏季管理，尤其是盛夏雨季，是大丽花难度过的季节，一定要加强管理。特别是浇水，一定要多向叶面喷水，并切忌过多，否则易造成植株基部脱叶，既不美观，又对开花和块根发育不利。

“五一”劳动节开放的大丽花一般于12月中旬开始催芽，在2月初开始定植，或在2月中旬分球进行栽植。

元旦春节开放的大丽花一般于8月初开始用夏季冷藏的块根进行催芽，9月中下旬开始定植。

（2）控制日照长度和温度 按照前面介绍的日照长度和温度对大丽花花芽分化的影响，北方北京地区在“五一”劳动节和元旦春节开花，要进行设施栽培，进行人工补光延长日照长度，温度不低于5℃；南方广州地区可以不加控制，自然条件下栽培。

（3）选蕾和定蕾 一般多在开花前的40～50d进行。若选留的花蕾直径达1cm左右时，多在30d后开放，选留的花蕾在0.5cm左右时，多在40d后开放。植株封顶现蕾后，则多于50d后开放。从花蕾透色至花初放需7～10d，从花初放至盛开需3～5d。根据这些特点，对不同品种的大丽花花蕾进行选留确定，以保证按时开放。

（4）换头 根据上面介绍的日照长度对大丽花花芽分化的影响，可以对过早开花或预计过早开花的已分化的正蕾或侧蕾进行摘除，促其侧芽生长发育，以达到延迟开花的目的。采用这种换头方法，注意要根据当地日照长度和温度变化，计算出花芽分化所需要的时间，再进行操作。花芽分化前，要加强管理，特别是肥水的管理，以保证花芽分化的内在养料的需要。

（5）化学药剂处理 用500mg/kg的赤霉素，喷洒已现蕾的大丽花植株，通过对比试验，可以比正常栽培的植株早开花15d左右。采用这种措施可以使大丽花提前开放。

北方“十一”国庆节开放的大丽花，南方“五一”劳动节和元旦春节开放的大丽花，一般都在露天栽培，所以开花控制措施一定要根据当年的气候变化，采取一种或几种控制方法，达到开花的目的。

四、矮化栽培

大丽花除矮化型品种群小丽花的植株较矮外，一般植株都比较高大，如何进行矮化是大丽花盆栽应用的关键。一般盆栽大丽花的株高最好为35～60cm，花径25～35cm，便于陈设和观赏。通常选择矮生品种，对优良的中生或高生品种也可适当选用，但要采取一定的措施进行矮化栽培。

1. 水控法

盆栽时增加肥料与土壤的比例[土肥比为（4 ∶ 1）～（3 ∶ 1）]，适当控制浇水量，约为盆养水量的80%。由于养分充足而水分微感不足，既可以控制植株的茎伸长，又促使大丽花茎粗、株矮、花大。

2. 换盆法

在植株生长旺盛时期比正常栽培多换盆2～3次，可阻碍茎生长，要比正常培养的植株矮30～50cm。同时，勤换盆可以增加土壤中的养分，使花朵直径增大。换盆时间以清晨或傍晚最好。

3. 盘茎法

换盆前倒置3个昼夜，利用植物具有向上性和向光性的特点，使盆内植株茎弯曲。换盆时将苗茎盘于盆内，只露两节嫩芽。由于盘茎栽培使原植株高度减少，盘入盆内的茎节在盆内又可长出不定根，可增强抗涝能力，同时，由于水分输导发生障碍，阻碍植株的营养生长，可减少植株高生长50%～70%，而对茎粗和花径大小的影响不大。

4. 药剂法

主要是采取生长调节剂来促使植株矮化。生长调节剂在盆栽花卉植株高度和株型控制方面研究和应用很多，喷施丁酰肼（比久，B_9）、烯效唑（S_{3307}）、多效唑（PP_{333}）等对大丽花植株都有很好的控制作用，能使植株高度降低、株型紧凑、节间缩短、叶色变浓、花色鲜艳、块根重量增加。多效唑对大丽花植株有极显著的矮化作用，对花芽分化、提早开花有促进作用，对分枝和节数作用不明显。

5. 针刺法

采用细竹针对大丽花茎节间进行穿刺，由于穿刺的茎节部位的输导组织被破坏，抑制了节间的高生长，导致节间缩短，从而使植株矮壮。

Chapter 5 大丽花病虫害防治

在大丽花栽培管理过程中，病虫害的防治是一项很重要的工作。各种病虫害侵袭大丽花时，若不及时防治，会影响大丽花的生长发育，降低观赏价值，危害严重时会导致大丽花植株死亡。病虫害防治要遵循“以防为主、防重于治”的原则。

一、主要病害

1.病毒病

(1) 症状 大丽花病毒病有多种，主要有花叶型、矮缩型和环斑型三种。花叶型：叶片细小，出现淡绿与浓绿相间花叶或浅黄斑点，严重的叶片变为斑驳状，沿中脉及大的侧脉形成浅绿带，即“明脉”。矮缩型：植株矮小、朽住不长。环斑型：叶上生有环状斑是该病的典型症状。在田间邻近花期染病的植株，到下一年花叶及矮缩现象出现前可一直处于隐症。6～9月发生，发病重的病株率为20%～30%，严重的可高达50%～80%，影响观赏。

(2) 病原 主要有黄瓜花叶病毒（*Cucumber mosaic virus D*, CMV-D）、烟草花叶病毒（*Tobacco mosaic virus*, TMT）、大丽花

花叶毒病（*Dahlia mosaic virus*, DaMV）、番茄斑萎病毒（*Tomato spotted will virus*, TSMV）。

黄瓜花叶病毒：寄主范围较窄，经人工测定的34种植物中，仅能侵染4科15种，局部侵染苋藜、昆诺藜、甜菜、蚕豆等，系统侵染黄瓜、心叶烟、珊西烟、白烟及矮牵牛等。其钝化温度为70℃以上，体外存活期为2d，经桃蚜以非持久方法传毒，病毒立体球形，大小27nm。

烟草花叶病毒：病毒立体杆状，大小300nm×18nm。钝化温度80℃，体外存活期为8d以上，该病毒经枝叶接触传染，蚜虫不传毒。

大丽花花叶病毒：电镜下立体球形，大小47～48nm，在感病植物细胞内有球形或卵形内含体。

以上三种病毒主要引起花叶和叶脉形成浅绿带等症状。

番茄斑萎病毒：病毒粒体扁球形，直径80～96nm，易变形，具包膜，存在于内质网和核膜腔里，有的具尾状挤出物，质粒含20%类脂，7%糖类，5% RNA。致死温度40～46℃，

花叶病毒病危害症状

10min，体外存活期3～4h，可系统侵染大丽花、百日草、番茄、辣椒、心叶草、莴苣等。番茄斑萎病毒主要引起环斑型症状。

此外，还从大丽花上检测到烟草环斑病毒、番茄环斑病毒、烟草脆裂病毒及马铃薯Y病毒。其中DaMV和CMV经常复合感染，引起大丽花花叶病，是北京、新疆等地大丽花上最流行的两种病毒。

（3）发病规律 系统性侵染，块根带毒是主要侵染源，蚜虫传播、汁液接触都是生长期病害蔓延的主要原因，此外嫁接也可传播。

（4）防治方法 发病重的地区不易用块根作繁殖材料，块根上的芽也不能作扦插材料。发病不重的地区发病病株及时拔除，可减少病源。花叶型、矮缩型病毒发病率高的地区要注意防治蚜虫、叶蝉、蓟马、玉米螟等，必要时采取直播法，提早育苗，发病率才能明显降低。环斑型病毒出现频率高的地区，番茄斑萎病毒具有不易接触植株生长点的特点，采用茎尖脱毒的方法获取无病毒苗，可取得明显防效。药剂防治：喷洒40%氧化乐果乳油1 500倍液、10%吡虫啉可湿性粉剂1 500倍液、50%马拉硫磷乳油1 000倍液、20%二嗪磷乳油1 000倍液或70%灭蚜松可湿性粉剂1 000倍液灭虫防病。必要时喷洒7.5%克毒灵水剂700倍液或3.85%病毒必克（唑·铜·吗啉胍）可湿性粉剂700倍液均有效。

2. 白粉病

（1）症状 大丽花白粉病9～11月发病严重，高温高湿会助长病害发生。危害叶片、嫩茎、花柄、花芽。最初在叶背面出现退绿黄斑点，后逐渐扩大为白粉状斑（即分生孢子），以致蔓延到全叶片及全株叶片上。被害的植株矮小，叶面凹凸不平或卷曲，嫩梢发育畸形。秋后在白粉上长出小黑点。花芽被害后不能开花或只能开出畸形的花。严重时可使叶片干枯，甚至整株死亡。

白粉病危害症状

（2）病原 病原为真菌，蓼白粉菌（*Erysiphe polygoni* DC）和菊科白粉菌（*Erysiphe cichoracearum* DC），均属子囊菌门真菌。前者子囊果大小60～139μm，附属丝多，呈菌丝状。子囊3～10个，长卵形或压球形，大小（49～82）μm×（19～53）μm；子囊孢子3～6个，个别2个或8个，大小（17～33）μm×（14～17）μm。无性态为白粉孢，分生孢子单个顶生，长圆形，大小（27～33）μm×（14～27）μm。自然条件下见到的多为无性态。

（3）发病规律 以菌丝体越冬，翌年温度上升至18～25℃时，空气湿度高于70%，菌丝体开始生长，产生大量的分生孢子，借风雨传播，在环境条件适宜时，在大丽花上萌发菌丝，以后又产生大量分生孢子进行再侵染。高温高湿利于发病，该病南方发生较多，华北发病轻。

（4）防治方法 温室栽培时，要控制温度、湿度，注意适时通风，盆距不要过密。加强养护，使植株生长健壮，提高抗病能力。控制浇水，增施磷肥。在发病初期，及时摘去病叶加清除，将病株隔离治疗。在发病季节，每隔7～10d喷洒一次5%代森锰锌可湿性粉剂1 000倍液、20%三唑酮可湿性粉剂800倍液或70%甲基硫菌灵可湿性粉剂1 000倍液，连续防治3次。

3. 灰霉病

（1）症状 花部易受侵害变褐，进而发生软腐，重者花蕾不能开放，上生灰色霉状物（病原菌子实体）。因此，灰霉病亦称花腐病。叶上发病，则发生近圆形至不规则形大病斑，病斑常发生于叶缘，淡褐色至褐色，有时显轮纹，水渍状，湿度大时长出灰霉。茎部病斑褐色，呈不规则状，严重时茎软化而折倒，为大丽花的主要病害。

灰霉病危害症状

（2）病原 灰葡萄孢（*Botrytis cinerea* Pers.），属半知菌亚门。分生孢子梗细长、分枝，有时近顶部呈二叉状，在短梗上生有分生孢子单细胞，卵圆形，通常产生黑色、不规则的菌核。

（3）发病规律 病菌以菌丝体或菌核在病株上或随病株残体留在土壤中越冬，菌核在适宜条件下长出分生孢子梗，产生分生孢子，引起再侵染。病斑上产生的分生孢子依靠风雨传播，引起载体侵染。当连续几天阴雨连绵，气候潮湿时，灰霉病开始发生，土壤温度低或植株通风不良的地方，灰霉病十分猖獗。7～9月阴雨连天时发病重，病菌寄主范围广泛。

（4）防治方法 由于灰葡萄孢有寄生性也有腐生性，要及时将病花、病叶、病茎剪去，集中烧掉。秋季或早春要彻底清除病残体，以减少侵染来源。及时将病花、病叶剪除深埋。实行轮作，或换用无病菌新土。加强栽培管理，避免栽植过密，以利通风透光。浇水时不要向植株淋浇，以免水滴飞溅传播病菌，雨后注意排除积水。药剂防治：喷洒波尔多液1 ∶ 0.5 ∶ 100倍液或50%异菌脲（扑海因）可湿性粉剂1 000倍液、65%甲霜灵可湿性粉剂1 500倍液、40%嘧霉胺悬浮剂1 200倍液、80%代森锰锌可湿性粉剂800倍液或43%戊唑醇悬浮剂4 000倍液，每隔10d喷一次，连喷3～4次即可。

4. 花枯病

（1）症状 花冠发病。在花瓣顶端的部分呈淡褐色，发生圆形或近圆形的斑点，接着在花瓣扩展，花瓣从发病处枯萎，逐渐变褐枯死。外侧花冠发病向内侧花冠发展，导致腐烂花瓣下垂，病花残体上生存的病菌是病害的侵染来源。

（2）病原 花枯锁霉（*Itersonilia perplexans* Derx），属半知菌类真菌。该菌菌丝的一些细胞形成小梗，着生不对称无色芽孢子，有力地发射，菌丝常形成锁状融合。

花枯病危害症状

(3) 发病规律 在病花或病花残体上生存的菌丝是该病侵染源。病菌在5～25℃均可生长，最适发病温度为20～25℃，重瓣大型花易发病，秋季多雨发病重。

(4) 防治方法 温室栽培时，注意通风以降低室内湿度，增施磷钾肥，保证充足的氮素营养，提高植株的抗病力。发现病叶、病果及时摘除销毁或深埋。药剂防治：在发病初期可用下列药剂进行喷雾：70%代森锰锌可湿性粉剂500倍液、75%百菌清可湿性粉剂600倍液、50%异菌脲（扑海因）可湿性粉剂1 000倍液、50%克菌丹可湿性粉剂400倍液或64%恶霜·锰锌（杀毒矾）可湿性粉剂400～500倍液，每667m^2喷药液50～60kg，每隔7d喷一次，连续防治4～5次。只要防治得早，坚持如期防治，喷洒周到细致，即可取得明显的防治效果。

5. 褐斑病

(1) 症状 发病初期叶片上出现黄色小斑点，而后逐步扩大病斑，变为灰褐色、暗褐色，最后布满全叶。叶片早衰、变黄、干枯脱落，严重时全株枯死。

(2) 病原 葡萄嗜木质菌（*Xylophjius ampelina*），属细菌，异名为*Xanthomoonas ampelina* Panag。菌体直或微弯，杆状，极生一根鞭毛。革兰氏染色阴性，氧化酶阴性，过氧化氢酶阳性，严格好气，代谢为呼吸型。生长最适温度24℃，细菌生长很慢。该菌有时产生丝状细胞，无黄单胞菌色素，脲酶反应阳性，能利用酒石酸盐。这种细菌主要寄生在木质部。

褐斑病危害症状

(3) 发病规律 该菌在病叶、病枝中越冬，翌年春天遇水从病部溢出，通过遇水飞溅传播，高温、高湿、多雨利于该病发生和扩展。栽培管理不当，偏施氮肥易发病。

(4) 防治方法 秋末冬初及时清除病残体。精心养护，不偏施氮肥，适当增施钾肥，提高抗病能力。药剂防治：喷洒50mg/mL硫酸链霉素3 000倍液、47%春雷·王铜（加瑞农）可湿性粉剂700倍液、30%碱式硫酸铜悬浮剂400倍液或20%噻菌铜（龙克菌）悬浮剂500倍液，每隔10d左右喷一次，连续防治1～2次。

6. 软腐病

（1）症状 感病大丽花块根先在根颈部发生水渍状软腐，进而使整个茎变成灰褐色软状腐烂，并发出恶臭味。

（2）病原 主要由欧氏杆菌属的细菌感染引起。

（3）发病规律 病菌在寄生残体上或土壤内越冬，借雨水、灌溉水和昆虫等传播，从伤口侵入寄主，连作地发病重。土壤湿度大、栽植过密、空气湿度高、施用腐熟有机肥、土壤黏重等均易发病。

（4）防治方法 选用无病块根作繁殖材料，实行轮作，避免重茬，盆栽宜每年换一次新的培养基质。挖掘时要尽量避免造成伤口。及时防治地下害虫。发现病株要及时拔除销毁，并将茎根连同周围土壤彻底挖除。药剂防治：发病后可喷72%农用链霉素可溶性粉剂4 000倍液，约每隔15d喷一次，连续喷2～3次。

7. 青枯病

（1）症状 根颈、块根或毛根腐烂。地上部分叶片枯萎，下垂枯死。横切病根、茎，木质部呈黄褐色，并有细菌脓液溢出。

（2）病原 杆状细菌。

（3）发病规律 在高温、高湿，排水不良的环境条件下，病菌大量繁殖。在移栽或换盆时，由于根系受伤，极容易使在土壤中的病菌侵入植株根部表皮进行繁殖。最终，使根部腐烂。

（4）防治方法 改善盆栽基质的理化性质，增强透水透气性。土壤和肥料要彻底消毒。在换盆和地栽移苗时，正确操作，注意避免伤根。药剂防治：发病期间，用0.2%高锰酸钾或100～200单位的农用链霉素灌根。

8. 灰斑病

（1）症状 主要危害叶片。初生褐色小斑，后逐渐扩展成灰褐色圆形病斑，大小3～5mm，病斑边缘深褐色，中间灰白色，后期病斑上生有黑色小粒点，即病原菌的分生孢子器，严重时叶上病斑20～30个，导致叶片脱落。

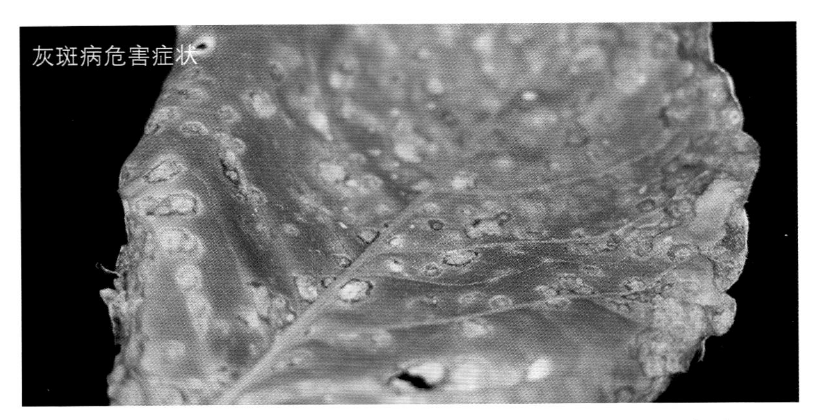
灰斑病危害症状

（2）病原 大丽花茎点霉，属半知菌类真菌。分生孢子器球形至扁球形，暗褐色，初生在表皮下，内生很多分生孢子，成熟后常从孔口成团涌出。分生孢子圆形或近圆形，单胞无色。病菌生长适温25～27℃，分生孢子萌发适温23～25℃，最高33～35℃，适宜相对湿度95%～100%。

（3）发病规律 病菌以菌丝体和分生孢子器在病残体上越冬，翌春产生的分生孢子借风雨或灌溉水传播，进行初侵染和再侵染，雨季易发病，连续大暴雨后易流行。

（4）防治方法 秋季清除病落叶，集中深埋或烧毁。药剂防治：发病后及时喷洒波尔多液1 ∶ 1 ∶ 100倍液、77%氢氧化铜可湿性粉剂500倍液、47%春雷·王铜可湿性粉剂1 000倍液或75%百菌清可湿性粉剂600倍液。

9. 暗纹病

（1）症状 主要危害叶片。叶缘产生近圆形或半圆形暗绿色轮纹斑，后期病斑变成暗褐色，中央灰绿色或灰白色，湿度大时病部产生黑色小斑点，即病原菌分生孢子器。

暗纹病危害症状

（2）病原 大丽花叶点霉菌，属半知菌类真菌。

（3）发病规律 病菌以菌丝和分生孢子器在病部或随病残体留在土壤中越冬，翌春产生的分生孢子借风雨传播，进行初侵染和再侵染。气温高、多雨季节易发病。

（4）防治方法 及时清除病残体，集中深埋或烧毁。药剂防治：发病初期喷洒40%百菌清悬浮剂500倍液、30%氢氧化铜悬浮剂600倍液、47%春雷·王铜可湿性粉剂600倍液或12.5%腈菌唑乳油3 000～3 500倍液。

10. 轮斑病

（1）症状 该病多发生在8～9月。叶片上产生褐色圆形或近圆形的病斑，后期病斑中部变成黄褐色或灰褐色，边缘深褐色，具轮纹。潮湿时可见灰黑色霉层，即病原菌的分生孢子和分生孢子梗。

轮斑病危害症状

(2) 病原 细链格孢，属半知菌类真菌。分生孢子梗直立，或具膝状弯曲，苍褐至褐色，孢痕明显，有横隔0～3个，光滑。

(3) 发病规律 该菌有时随灰斑病侵入，雨水多的年份发病重。

(4) 防治方法 精心养护，施足充分腐熟的有机肥，增强抗病力。药剂防治：发病初期喷洒40%百菌清悬浮剂400倍液、50%异菌脲（扑海因）可湿性粉剂1 000倍液、65%多克菌可湿性粉剂700倍液、15%亚胺唑可湿性粉剂2 000倍液，每隔10d喷洒一次，防治2～3次。

11. 菌核病

(1) 症状 又称茎腐病。种植在潮湿病土中的大丽花可染病，发病速度很快。病菌常侵染主茎或植株基部分枝，初发病时病部呈水渍状，颜色变为灰色，有时可在1～2d内长满白色棉絮状霉层，有的在茎的一侧主生大量菌核。湿度大或继续降雨时，病害附近枝叶及花梗等部位扩展，有时叶上产生略具轮纹的水湿状病斑，易穿孔或造成死顶。

(2) 病原 核盘菌，属子囊菌门真菌。病部产生的菌核鼠

菌核病危害症状

粪状，每个菌核产生1～9个子囊盘。子囊盘盘状，初呈浅黄褐色，后变褐色，生有平行排列的子囊和侧丝，子囊棍棒状或椭圆形，无色。子囊孢子单胞，椭圆形，排成一行。该菌除危害大丽花、向日葵等花卉外，还可以侵染油菜、黄瓜、莴苣等多种蔬菜及其他草本植物。

(3) 发病规律 菌核遗留在土中或混杂在种子中越冬或越夏。混在种子中的菌核，随播种带病种子进入田间，或遗留在土壤的菌核遇有适宜的温湿度条件即萌发产生子囊盘，释放子囊孢子，随风吹到衰弱植株的伤口上，萌发后引起初侵染，病部长出菌丝又扩展到邻近植株或通过接触进行再侵染。

(4) 防治方法 实行轮作。从无病株上选取留种子或播前用10%盐水浸种，除去菌核后再用清水冲洗干净，晾干播种。适度密植，及时拔除杂草。设法降低棚内或田间温度，发现病株及时拔除，运出田外集中烧毁，以减少菌核形成。收获后及时深翻，灌水浸泡或闭棚7～10d，利用高温杀死表层菌核。采用地膜覆盖，阻挡子囊盘出土，减轻发病。采用生态防治法避免发病条件出现。药剂防治：发病初期喷洒50%腐霉利（速克灵）可湿性粉剂1 000倍液、70%甲基硫菌灵可湿性粉剂600倍液、35%菌核光悬浮剂600～800倍液、20%甲基立枯磷乳油1 000倍液，每隔8～9d喷施一次。防治次数视病情而定。

二、主要虫害

1. 红蜘蛛

（1）危害状 主要危害大丽花的叶片，初夏发生在温室中，在大丽花叶背面出现，在闷热的气候条件下繁殖迅速，5～8月危害最盛，早春及晚秋也有发生。危害较轻时影响叶片生长发育；危害严重时，红蜘蛛大量聚集到老叶背面吐丝结网，并用其口器刺吸细胞液、破坏叶绿体，使叶片出现黄白色斑点卷曲收缩，在短期内（5～7d）可使叶片全部枯萎脱落，植株死亡。同时，会很快蔓延到其他大丽花植株上。

红蜘蛛危害状

（2）形态特征 别名赤壁虫、火龙。卵暗红色球形，幼虫鲜红色圆形，成虫细小卵圆形，全身呈红色，肉眼能观察到。

（3）发生规律 红蜘蛛在气候干燥、空气流通不良、水分不足等条件下容易发生。它的繁殖力很强，一年多代，在5～8月炎热季节，生长繁殖迅速。虫卵可在病株及土壤中越冬。

（4）防治方法 在幼苗定植前喷洒硫黄肥皂合剂，可预防红蜘蛛的发生；增加温室内的湿度，并适当通风，减少红蜘蛛滋生速度；经常观察植株叶面出现的黄点，及时发现叶背面的红蜘蛛。药剂防治：危害初期，可浇水冲洗掉叶背面的红蜘蛛，危害严重时，可以喷洒波美0.5度石硫合剂、15%达螨灵（扫螨净）乳油2 000倍液等，效果良好。

2. 蚜虫

（1）危害状 蚜虫主要危害大丽花的叶片及顶芽，春季温室中蚜虫大量聚集在初生的嫩枝叶上，利用其腹部5～6节上的腹管，刺入植物体内吸食汁液，损害新生组织，会导致叶片卷缩、枯黄、早落，从而影响植株生长发育，危害严重时可使植株枯死。蚜虫也常常聚集在花枝上，使花朵不能正常开放。蚜虫的排泄物蜜露又称为某些菌类的滋生条件，从而导致感染病害。

蚜虫危害状

（2）形态特征 别名蜜虫、腻虫、蚁牛，是最常见的花卉害虫，种类极多。大丽花上的蚜虫若虫黄绿色，成虫绿色，后变褐色，有触角。

（3）发生规律 在温度过高的温室内迅速繁殖，生长季节内可以进行卵胎生即孤雌生殖，雌虫不经交配即可产生小蚜虫。成虫到秋末进行交配，雌虫或受精卵越冬。

（4）防治方法 适当进行整枝修剪、通风。药剂防治：出现蚜虫时用40%乐果1 000～1 500倍液，或10%吡虫啉可湿性粉剂3 000倍液喷施。

蚜　虫

3. 黄蚂蚁

（1）危害状 黄蚂蚁咬食大丽花植株根茎皮层，切断茎部形成层中的导管和筛管通道，使植株吸收的水分和养分上下不能沟通，影响植株的正常生长，轻者植株生长瘦弱，花朵变小，色泽不鲜艳，重者植株因缺水而萎蔫死亡。蛀食大丽花的块根，受害轻者，块根多呈凹凸不平的缺刻状或呈无数小蛀孔，影响植物生长，重者则块根整个被蛀空，只留有薄薄的一层皮层，使块根丧失发芽能力，或造成生长的大丽花大批萎蔫死亡。

（2）形态特征 黄蚂蚁是具有社会群体性昆虫，一个群体中有成千上万个个体，可分雌蚁、雄蚁、兵蚁和工蚁，它们的行动各有分工，其中雌蚁和雄蚁均有翅，唯生殖蚁数量较少，雄蚁交配后即脱翅死亡。兵蚁头大，下颚发达，善于打架，起保卫作用。工蚁体型较小，数量最多，专门寻找食物等。

（3）发生规律 由于黄蚂蚁食性杂，危害的植物种类多，一年四季都可以找到食物，只要外界气温高过10℃，黄蚂蚁都可出来危害大丽花。

（4）防治方法 捣毁蚁窝，驱杀黄蚁。整地时，用辛硫磷、马拉硫磷、敌百虫以及杀虫双等，与栽培基质充分混合，再用于栽种大丽花的块根，保护大丽花块根的正常发芽，减少危害。所施用的有机肥必须发酵、腐熟，或与农药搅拌混合。利用黄蚂蚁有嗜腥、香、甜的特性进行诱杀。

4. 大丽花螟蛾

（1）危害状 大丽花螟蛾属鳞翅目螟蛾科，又名玉米螟、钻心虫，为大丽花的一大害虫。该虫分布于华北、东北、西北、华东等地，北方地区受害严重。6月幼虫孵化后，从花芽或叶柄基部钻入茎内危害，钻入孔附近黑色，孔外有黑色干粪堆积，受害严重时，大丽花茎几乎全部被蛀害，不能开花，茎秆上部枯黄死亡。

（2）形态特征 成虫黄褐色，体长13～15mm，翅展25～35mm，前翅浅黄色或深黄色，上有两条褐色波浪状横纹；头胸黄色。卵短椭圆形或卵形，稍扁，长约1mm，黄或黑褐色。幼虫老熟时体长约19mm，圆筒形，头红褐色，背中央有一条明显的褐色细线。蛹体长约14mm，黄褐色或红褐色，纺锤形，末端有小钩5～8个。

（3）发生规律 幼虫在茎秆内越冬。翌年5月中旬，成虫羽化。成虫白天静伏叶背等背阴处，夜间喜在花芽或叶柄基部产卵，呈块状、鱼鳞状排列，卵期4～5d，5月下旬，幼虫孵化后钻入茎内，钻入孔附近呈黑色。第二、三代幼虫危害分别发生在6月至7月中旬和8月中旬至10月，尤以8、9月危害最严重，10月下旬，幼虫开始在茎秆内越冬。

（4）防治方法 及时剪除被害茎秆；请勿在大丽花种植地附近种植玉米或堆放玉米秸秆；入冬收藏大丽花块根时，应严格检查剪口下橛内不要带虫。药剂防治：于6～9月，每20d左右喷施一次90%敌百虫原药800倍液，可杀灭初孵幼虫。往被害处涂1 ： 10的80%敌敌畏糨糊，灭杀初蛀入茎的幼虫，对于蛀入深处的大龄幼虫，可向蛀孔注入50%杀螟硫磷（杀螟松）乳剂400～500倍液或20%菊·杀乳油100倍液。

大丽花螟蛾

第六章 Chapter 6 大丽花应用

一、观赏

大丽花种类繁多、花大色艳、花期长、寓意美好，具有很高的观赏价值。高秆品种可用作切花，矮生品种可作盆栽。其切花可做花束、花篮、花环、瓶插、壁花等装饰品，具有重心稳定、线型明显的特点，可以收到理想的装饰效果。

大丽花切花生产

大丽花花束

大丽花花篮

大丽花插花

I Love You

大丽花捧花

除此之外，大丽花还适用于专类园、花海、花坛、花境、庭院种植等。昆明捞鱼河湿地公园每年8月都会举办大丽花展，8万多株婀娜多姿的大丽花悄然绽放，蜜蜂不停穿梭，宛如童话世界一般，令游客流连忘返。

云南省农业科学院花卉研究所大丽花资源圃

大丽花花海

大丽花花境

大丽花庭院种植

大丽花庭院种植

二、药用

大丽花药用部位-块根

大丽花药用部位主要是块根部分。大丽花块根又称大丽菊根，呈长纺锤状，表面灰白色，质硬，不易折断。断面类白色至浅棕色，角质化，臭微、味淡，嚼之粘牙，有清热解毒的功效。由于形似甘薯，故而又被称为红苕花。另外由于与天麻外形相似，常被不法商贩冒充天麻销售。

对大丽花块根药用价值的研究主要集中在其富含菊粉的药用价值上，菊粉是一种非消化性的糖类，能够选择性地促进结肠细菌的生长，提升宿主的健康状况，还能降低血糖浓度、维持脂类代谢平衡、提高矿质元素的吸收、增强免疫力等。

（1）控制血脂 研究表明，菊粉作为一种膳食纤维可通过吸收肠内脂肪，形成脂肪—纤维复合物随粪便排出，有助于血脂水平的降低。试验证明，白鼠在食用菊苣根（富含菊粉）一段时间后，血液和肝脏中的甘油三酯含量显著降低。Brighenti等的人体营养试验结果也表明，菊粉能显著降低血清总胆固醇和低密度脂蛋白胆固醇，提高高密度脂蛋白与低密度脂蛋白比值，从而改善血脂状况。

（2）降低血糖 早在1905年，菊粉就被推荐给糖尿病人服用。菊粉通过上消化道不被人体酶分解、吸收，因而不会提高血液中血糖水平和胰岛素含量。迄今，学者对菊粉降低血糖水平的机理进行了广泛的研究。Coudray等认为，菊粉产生的丙酸盐能抑制糖异生，减少血浆游离脂肪酸水平，进而促使胰岛素抗性增强。Kim等则认为菊粉能够降低血糖含量，是由于其黏度高，影响了肠黏膜对葡萄糖的吸收。也有研究者认为，菊粉发酵产生的短链脂肪酸促进肝糖原的合成是血糖降低的原因之一。

（3）促进矿物质吸收 菊粉能够促进肠道对钙、镁、锌等矿物质的吸收。因菊粉在肠道菌群的发酵被降解的过程中会产生短链脂肪酸，短链脂肪酸降低了结肠的 pH ，从而大大提高了许多矿物质的溶解度和生物有效性。此外，短链脂肪酸还可刺激结肠黏膜的生长，增大吸收面积，进而促进各种矿物质的吸收。

（4）防治便秘和肥胖症 菊粉在治疗便秘方面疗效显著，这是由于菊粉中的长链聚合物不被消化，保持肠道内水分不被过分吸收，增加排便次数和质量，从而对便秘有显著的改善作用。另外也有研究者认为，菊粉增加了肠道的蠕动能力，使排便变得轻松。菊粉可以显著提高结肠中的双歧杆菌和乳酸杆菌等肠道内益生菌的数量，并抑制大肠杆菌等有害菌的生长，从而改善肠道健康。菊粉利于减肥的功能体现在两个方面，一是短链菊粉的甜度相当于蔗糖的 30%～50%，甜味纯正，用菊粉替代食品中的蔗糖，产生的热量远小于蔗糖，并很少转化为脂肪，因此利于减肥；二是菊粉在胃中吸水膨胀形成高黏度胶体，使人不易产生饥饿感并能延长胃的排空时间，从而减少食物摄入量，同时在小肠内还可与蛋白质、脂肪等物质形成复合物，抑制此类物质的吸收，达到减肥目的。

三、食用

大丽花花瓣可以生食，用于制作沙拉。从块根中提取的一种被称作“dacopa”的甜味物质可以作为饮料原料，也可以加入奶油和奶酪等。在国内外，均有食用大丽花块根的历史，早在18 世纪末，大丽花作为一种蔬菜被引入欧洲西班牙，只是后来随着马铃薯和甘薯在全球的普及，才让大丽花块根慢慢淡出了人们的餐桌。

研究表明，大丽花的块根富含多聚果糖和菊粉。在美国和欧洲等发达国家，人们种植大丽花用以提取菊粉。菊粉是由 D-果糖经 β 糖苷键链接而成的链状多糖，末端常含有一个葡萄糖基。在食品工业中，菊粉能改善食品结构、提高流变学性质和营养特性，属于功能性食品。由于菊粉所具有的物理化学性质，加之无毒且基本无副作用和上消化道不被人体酶消化的优势，使菊粉作为一种绝佳塑型剂被广泛应用于食品加工领域，在面包、蛋糕、饼干、冰激凌、豆腐、土豆泥、巧克力、酸奶、香肠、肉丸、意大利面等的相关应用研究层出不穷。如果说20 世纪60 ～ 70 年代，人们只是通过食用大丽花解决温饱问题，那么在20 世纪 80 年代后，研究者对大丽花的食用价值及科学性进行了深入研究。菊粉作为一种天然功能性食品配料，已在欧美国家得到了广泛应用，我国卫生部也于2009 年批准将菊粉、多聚果糖列为新资源食品。

菊粉在食品中的应用及其作用

食品种类	菊粉用量（%）	作用
饮料	2 ~ 5	提高营养价值，改善风味，增加植物纤维素，作为增稠剂等
色拉调料	3 ~ 6	具有双歧杆菌因子作用，提升营养价值
冰激淋	6 ~ 9	代替脂肪，低热量，提升风味和品质
肉制品	3 ~ 6	改善肉制品的组织结构，提升口感
巧克力	10 ~ 25	降低含糖量，改善风味，提升巧克力保健和营养功能

（续）

食品种类	菊粉用量（%）	作用
干酪	2 ~ 9	改善干酪的涂抹型和口感
酸奶	1 ~ 3	改善风味
面包	5 ~ 10	改善面包的质感和流动性
糕点	10 ~ 15	代替糖，热量低

参考文献

北京林业大学园林系花卉教研组,1998. 花卉学[M] . 北京: 中国林业出版社 .

陈少萍,沈汉国,2006. 广东地区大丽花春节适时开花技术[J] . 中国花卉园艺6(24): 34-35.

董喜存,李文建,余丽霞,等,2007. 用随机扩增多态性 DNA 技术对重离子辐照大丽花花色突变体的初步研究[J] . 辐射研究与辐射工艺学报,25(1): 62-65.

冯立娟,苑兆和,尹燕雷,等,2008. 大丽花优良品种扦插繁殖与栽培技术研究[J] . 山东林业科技(6): 30-32.

鞠志新,经淑艳,马永吉,2000. 多效唑对盆栽大丽花的矮化作用[J] . 北华大学学报(自然科学版),5(1): 433-435,460.

刘晓燕,2007. 盆栽大丽花如何管理[J] . 安徽农学通报(8): 148.

满贵武,孙冬荣,孙海荣,2002. 大丽花脱毒快繁技术[J] . 北方园艺 (4): 63.

强继业,陈宗瑜,李佛琳,等,2003. ^{60}Co- γ 射线辐射对滇特色花卉生长速率及叶绿素含量的影响[J] . 中国生态农业学报,11(4): 53-56.

师向东,张礼梅,2005. 临洮大丽花繁育及栽培技术[J] . 中国花卉园艺(22): 36-37.

韦三立,陈琰,韩碧文,1995. 大丽花的花芽分化研究[J]. 园艺学报,22(3): 272-276.

文艺,何进荣,姜浩,2004. 大丽花[M]. 北京: 中国林业出版社 .

武丽琼,黄祖传,1997. 大丽花矮化试验[J] . 福建热作科技,22(4): 12-14.

杨群力,2004. 灾害性天气对大丽花的影响及预防措施[J] . 陕西师范大学学报(自然科学版)(32): 145-146.
杨群力, 2009. 大丽花名优品种的引种及露地栽培技术研究[J]. 中国农学通报, 25(11): 108-116.
杨群力, 李淑琴, 王宁娟, 2008. 西安地区大丽花主要病虫害的调查及防治措施[J]. 陕西林业科技(2): 101-103.
杨煊艺, 2008. 临洮大丽花扩繁生产技术[J]. 甘肃林业(4): 36-37.
杨永花, 李正平, 李万祥, 等, 1996. 甘肃大丽花品种资源及应用[J]. 北方园艺(3): 44-45.
姚梅国, 池玉文, 1986. 大丽花[M]. 北京: 中国建筑工业出版社.
姚梅国, 王明启, 迟玉文, 1995. 大丽花品种资源的研究[J]. 吉林林学院学报, 11(2): 96-99.
余丽霞, 李文建, 董喜存, 等, 2008. 碳离子辐射大丽花矮化突变体的 RAPD 分析[J]. 核技术, 31(11):830-833.
张华艳, 刘继明, 杨桂荣, 2005. 大丽花繁育与栽培[J]. 北方园艺(3): 37.
张立磊, 刘勤保, 张直前, 2004. 大理花组培脱毒快繁研究初报[J]. 广西农业科学, 35(2): 91-93.
张艳红, 黄建华, 2006. 利用扦插法培育大丽花[J]. 农业与技术, 26(4): 135.
钟红清, 姚正良, 赵致禧, 2002. 矮生大丽花常规制种技术要点[J]. 中国种业(11):23-24.
周永国, 胡永利, 班景昭, 1992. 用大丽花块根生产果糖浆的研究[J]. 无锡轻工业学院学报, 11(1): 46-48.

图书在版编目（CIP）数据

大丽花新优品种高效栽培技术/段青等编著. —北京：中国农业出版社，2021.11
（花卉实用生产技术系列）
ISBN 978-7-109-28363-3

Ⅰ.①大… Ⅱ.①段… Ⅲ.①大丽花-高产栽培 Ⅳ.①S682.2

中国版本图书馆CIP数据核字（2021）第111071号

DALIHUA XINYOU PINZHONG GAOXIAO ZAIPEI JISHU

中国农业出版社出版
地址：北京市朝阳区麦子店街18号楼
邮编：100125
责任编辑：国 圆
版式设计：杜 然 责任校对：周丽芳
印刷：北京通州皇家印刷厂
版次：2021年11月第1版
印次：2021年11月北京第1次印刷
发行：新华书店北京发行所
开本：880mm × 1230mm 1/32
印张：4.5
字数：150千字
定价：46.00元

服务电话：010 - 59195115 010 - 59194918
投稿联系电话：010-59194158（国编辑）